賽局

又稱博奕論

張宮熊博士 著

你們要謹慎行事，不要像愚昧人，當像智慧人。

◎聖經以弗所書5:15◎

序

　　博奕論又稱爲賽局理論。企業面臨產業複雜的競爭環境，針對競爭對手、上游廠商、下游通路與消費者，皆有其不同的決策模式。Kreps, D. M.(1990) 指出賽局理論最偉大的貢獻在於幫助人們提出問題重心，同時提供策略模型解決應對的競爭問題。而企業策略的分析目的在於導入簡單的概念以協助企業擬訂策略草圖，以及可行的行動方案。使用賽局理論爲工具，化繁瑣決策過程爲簡單行動策略，來瞭解企業決策之關鍵成功變數，藉以有效擬訂成功策略與行動方案。

　　賽局理論雖被普遍利用於各個領域，但其普遍性與廣泛性一直存在企業實際應用難度，主要因爲學界與商界使用不同的語言，前者強調結構式程式，後者重視經驗法則。不可否認賽局理論自從納許(John Nash, 1952) 以來能成爲商場上有利的工具，不過因爲其中繁複的數學概念，阻礙了理論和實務的結合，使得賽局理論發展初期淪爲學者間的數學遊戲。故是否能以一個簡單的賽局確認模式來涵蓋其複雜的企業競爭現象，利用過去已開發的各類賽局模式來解釋現今的各種競爭狀況，使賽局理論能更簡便、規範且具邏輯性地分析企業競爭現象，乃學界與實務界共同努力之處。

　　本書嘗試將賽局理論進行歸納，整理成顯而易懂的賽局模式，再輔以實務性主題，以個案研討方式將賽局實務化。書中包含企業競爭策略（如7-11與全家之智豬賽局；油價大戰）、產業分析（如啤酒產業、保險產業）、政治外交（如兩岸關係與台灣烽火外交）、經濟與公共政策（如台灣高鐵）等。少部分章節涉及到數理推導與微分觀念，本書假設讀者皆擁有初等微分基礎，文中並不再贅述微分學理僅記錄過程；若有較深之數理推導章節以"*"標示，讀者可考量選讀。

　　值此金融風暴未歇，全球爲解救陷入經濟泥沼的當頭，如何把賽局的分析技巧運用到後 G20 的世界經濟展望中，讓作者深思是否在書尾以此主題做結。讓時間去驗證賽局的實用性如何？本書的20章便以「後 G20 的世界經濟展望」爲主軸，探討四大主題：囚犯的兩難（困境）賽局：同氣連枝還是同床異夢？沙灘賽局一倚天旣出誰與爭鋒，美國霸主地位的動搖；智豬賽局一馬英九對大陸的老二主義；福利賽局一當落難虎碰上自肥貓。希望用最淺顯的方式協助讀者輕鬆進入賽局理論的世界。

張宮熊　謹識於2009年夏

目　錄

1 賽 局

> 「賽局」這個名詞聽起來高深莫測，其實它就是「遊
> 戲」的意思。更準確點說，是可以分出勝負的一場遊
> 戲。「賽局理論」如果直接翻譯就是「遊戲理論」或「博
> 奕論」。不妨說，賽局理論是通過「玩遊戲」獲得人生
> 競爭的知識。

賽局理論（Game theory），又可稱爲博奕論、遊戲論、對策論、競局理論、對局論、局論等等，是一種「策略性思考」的系統邏輯方法，藉由系統性的思考方式來制訂策略便是賽局的精髓所在。賽局理論是由美國普林斯頓大學教授馮紐曼與摩根斯坦（von Neumann and Morgenstern）於1944年提出「賽局理論與經濟行爲」（Theory of Games and Economic Behavior）一書發展出來的零合賽局後[1]，便將賽局理論應用於經濟行爲的分析，但賽局理論在當時仍然未能成爲一門顯學。[2]

直到1950年，由John Nash發展出零合賽局及提出有名的一般性均衡，後人稱「納許均衡」（Nash equilibrium）後，賽局理論才真正得以發揚光大，成爲一門顯學。發展至今，賽局理論被普遍利用在經濟學上的各個領域，如工業組織、國際貿易、勞動經濟以及宏觀經濟學等。主要探討的是經濟個體兩造雙方的策略性互動行爲（Interactive Behavior），在一來一往的行爲間產生直接相互作用影響的決策。

賽局理論主要是研究策略主體（個人、企業，或其它組織）的行爲，策略主體在直接相互作用下的決策，以及在兩造決策下的均衡問題。[3]而何與威特（Ho & Weigelt）也以策略臍帶（Strategic）來形容參賽者間的連帶互動關係，

---

[1] Von Neumann J, Morgenstern O., 1944, *Theory of Games and Economic Behavior.* Princeton NJ: Princeton Univ. Press.

[2] 本小節部份取財自 Lewis 著「理性賭局」，2002，頁 89-99。

[3] 張維迎，「賽局理論與信息經濟學」，茂昌圖書，初版，2000 年 1 月。

且指出賽局理論提供一套正規的思考方法來協助分析及預測競爭對手的策略行動。[4]克雷普斯（D. M. Kreps）更指出賽局理論對經濟最偉大的貢獻在於幫助人們提出問題重心，同時提供策略模型以有效解決應對的競爭問題。賽局理論所建構的模擬技術可使人們把注意力集中在研究競爭性互動的動態特徵，以及核心相關訊息所在，使得互動的結構成爲經濟領域研究重心之一。[5]

俗話說「人生無處不權謀」，策略與行方案的選擇隨時隨地出現在每一個生活的小細節中。如何選擇一個成功機率最大的最適當方法或工具來處理事情，即是一種科學算計的策略式互動行爲(interactive behavior)或鬥智攻防戰。中國古典書籍『孫子兵法』便是中式的搏奕論，只可惜古籍經典只限於哲理探討，無現代西方科學以數理推導進行嚴格驗證的堅實基礎。

『賽局理論』（Game Theory）其實就是一種策略思考的系統知識，它提供了一套系統建構的數理分析方法，尋求在利害衝突下的最適因應策略。透過策略推導，尋求對自己最大的勝算或利益，從而在競爭中求生存。賽局中的每一個人的決策，會受到賽局中其他人的影響。因此賽局中所探討的是互動行爲：「我的算計必須考慮你的算計，而你的算計也考慮了我的算計」，爲一門研究「多人決策」(multi-person decision making)之間的問題。賽局理論提供一個有系統的方法，來分析這種相互影響(interactive)的策略(strategy)。賽局理論藉形式化的推導，來決定賽局參與者在理性地追求自身利益前題下，該採取何種決策？以及如果他們真的如此選擇，會產生什麼結果。譬如戰場上兩軍對峙或商場上百家爭鳴，如何知己知彼，採取何種錦囊妙計才能獲得勝利，或達成對其有利之形勢與環境或策略目標。

1-1 賽局理論的發展

賽局理論的發展起源於「壞中取小」定理（minimax theorem），並因此推演出來的「零和賽局」（zero-sum game）。而目前我們所熟悉的賽局理論則是

---

[4] Ho and Weigelt, 2004, "A Cognitive Hierarchy Model of Games", *The Quarterly Journal of Economics*, Vol. 119, No. 3: 861-898.

[5] Kreps, D. M., 1990, "Game theory and economic modeling" *Oxford University Press*, p. 87.

在 1950 年納許提出均衡概念後才正式確立其學術上不可動搖的地位。賽局理論的發展簡史略述於後：

1. 1928 年

匈牙利裔美籍數學家馮諾曼（John von Neumann，數學家兼電腦的發明人）（1903-1957）首先證明基本的「壞中取小」定理，賽局理論的的雛型才被確立。壞中取小定理適用於設定只敵我兩方對峙競爭的「零和」賽局，在此情形下一方所獲得的利益值，恰為對方所獲負數之虧損值，而對峙雙方所獲得值相加恰好等於零。

2. 1944 年

由馮諾曼和普林斯頓經濟學家摩根斯坦(Mogenstern)合著的『賽局理論與經濟行為』(Theory of Games and Economic Behavior)一書問世，進一步闡釋他的『零和』賽局理論，才正式奠定了現代賽局理論的基礎，馮諾曼可堪稱為「賽局理論」開宗祖師。

3. 1950 年

賽局理論的發展，交由 1928 出生，電影「美麗境界」主人翁扮演關鍵性角色。被譽為是 20 世紀下半葉「最傑出的數學家」之一的納許(John Forbes Nash Jr.)提出『非合作賽局』(Non-cooperative Games)博士論文。以研究「多人非合作」之賽局為論述核心，後來被稱為「納許均衡」（Nash Equilibrium）的概念，為日後非合作賽局理論(non-cooperative game theory)和交易理論(bargaining theory)作了奠定性的貢獻。

4. 1951 年

著名的「囚犯困境」(prisoner's dilemma)賽局，係由弗拉德（Merrill Flood）在 1951 年所提出[6]，之後由塔克（Albert W. Tucker, 1905~1995）加以明確公式化和命名之。[7]

[6] Flood, M., 1951, *A Preference Experiment*. RAND Research Paper.
[7] Tucker, A.W., 1950, *A Two-Person Dilemma*, Stanford University mimeo, reprinted in Straffin (1980).

5. 1960 年

「嚇阻理論」的大師謝林（Thomas C. Schelling）1960 年出版的《衝突的策略》[8]指出，賽局參賽者中的一方如果侷限自身的行動選項，甚至自斷後路，反而可以因此獲益；報復的能力比抵抗攻擊的能力更為重要；而且越不確定是否報復，要比確定報復，更具嚇阻力量。謝林因為此一論述榮獲 2005 年諾貝爾獎經濟學。[9]

6. 1962 年

哈桑尼(J. C. Harsanyi, 1920~2000)提出在不完全訊息的靜態賽局中，可利用貝氏定理獲得納許均衡解，稱之為貝氏納許均衡(*Bayesian Nash Equilibrium, BNE*)。[10]

7. 1965 年

席爾登(Reinhard Selten)提出完全訊息動態賽局之子賽局完美均衡（*Subgame Perfect Nash Equilibrium, SPNE*）。[11]

8. 1975，1982，1991

席爾登等多位學者提出在不完全訊息動態賽局下，引入上帝（*Nature*，或稱主宰）的概念以達成完美貝式納許均衡(*Perfect Bayesian Nash equilibrium, PBEN*)。[12]

9. 1994 年

---

[8]　Schelling, Thomas, 1960, *The Strategy of Conflict*, Cambridge, MA: Harvard University Press.

[9]　謝林在 2006/11/2 來台演講中表示，兩岸關係絕不是零和遊戲，建議台灣和中國關係可以「放輕鬆一點」，應當把台灣視為全球經濟體系一員，不需要過度擔心兩岸發展緊密關係後，會因依賴而產生危險。

[10]　Harsanyi, John, 1962, "Bargaining in Ignorance of the Opponent's Utility Function", *Journal of Conflict Resolution 6(1)*.

[11]　Selten, R. 1965. Spieltheoretische Behandlung eines Oligopolmodells mit Nachfrageträgheit. *Zeitschrift für die gesamte Staatswissenschaft* **121**: 301-324.

[12]　Selten, R. 1975. "Reexamination of the Perfectness Concept of Equilibrium in Extensive Games." *International Journal of Game Theory* **4**: 25-55.

　　納許於 1994 年與加州柏克萊大學的哈桑尼及德國波恩大學的席爾登等賽局理論研究者同為諾貝爾經濟學獎候選人。納許以研究發展非零和賽局（non-zero-sum games）與「囚犯困境」理論，獲得諾貝爾經濟學獎。

10. 2005 年

　　諾貝爾經濟學獎由謝林與歐曼獲獎，相對於謝林在「衝突的策略」的貢獻。歐曼對「合作賽局」的理論提出貢獻性的建構與分析。歐曼的合作賽局是：在衝突的環境中，參賽者（players）雙方可以經過多次的互動（獎或懲），產生隱性勾結，漸漸由對立到合作，最後達到雙贏的結果。

1-2 「零和賽局」

　　賽局理論是討論相互依存的決策者的決策行為和結果。近 20~30 年來賽局理論成為研究個體經濟學中寡占廠商行為的重要分析工具。

　　我們就從最簡單、最原始的賽局『零合賽局』開始進入賽局的世界。

　　假設在兩人對抗的簡單遊戲中，某甲手裡藏著一塊小石子，雙手握拳，伸向兩邊，讓乙猜握石子的位置；猜對了乙就贏一塊錢，猜錯乙就輸一塊錢。輸贏的機率好像是一半一半，這就是個零和遊戲，不是我贏就是你輸。這個簡單的遊戲看起來沒有任何技巧可言，只要沒有透視眼，也無法事先知道小石子藏在哪隻手，那麼不管丟銅板或求助算命仙，結果應該都一樣。

　　但這只是頭幾次的狀況，一旦對方留意到你習慣把石頭藏在某一隻手，或者每玩一次就換手，甚至其他明顯特徵，對手很快就可以贏你。同樣地，如果你注意到對手老猜某一隻手，或每次都換手猜等等，只要小心點不要露馬腳，要贏對方簡直易如反掌。其實不管對哪一邊來說，只要留意對方無意中顯露的習慣動作，都能輕易取勝。

　　孫子兵法說：『知彼知己，百戰不怠』。參與這個遊戲的最佳策略就是：儘可能找出對手行為的規律，自己則隨機出招。簡單地說就是一方面藏拙，一方面找出對手弱點。其實所有競賽遊戲幾乎都是這樣；籃球隊員儘量混合不同的

跑位和傳球；機智的棒球投手會以快速球配合變化球來封鎖對手攻勢；橋牌高手也無法每次都唬人。它的技巧就是儘量利用對手行為的可測性，並儘可能讓對方猜不中你的行為模式。假如雙方在玩藏石子遊戲時都不露破綻，那麼最後就會打成平手。

以上的賽局對聰明人可能比較有利，因為他可以較輕易地分析出對手的行為模式。約莫五十年前，貝爾電話公司實驗室中有一位天資過人的數學家，也是現代資訊理論的創始人夏隆（Claude Shannon），發明了一台猜測機器來跟真人對決，這個機器成功擊敗真人，因為人們無法永遠隱藏自己的思考模式。

1-2-1 喬治與瑪莉的選擇

我們來看看看典型的「壞中取小」定理。在一個簡單遊戲中，參賽者瑪莉交付一筆錢給喬治，換取她可以獲獎的可能。喬治可能的行動以字母 A 到 D 來表示，瑪莉的行動則為 E 到 H。瑪莉由橫排中挑出一排來，喬治也以相同方式選擇一直列，再把各人的選擇放在彌封袋內交給裁判，由裁判公布結果兩人所選行動方案的交集，每局的勝負（喬治需給獎予瑪莉的金額）由兩人挑出的兩排交叉產生的數字來決定。

表 1-1　喬治與瑪莉的賽局(1)

喬治

		A	B	C	D
	E	56	32	27	60
瑪莉	F	63	2	19	15
	G	2	29	23	38
	H	26	10	21	49

在這個遊戲當中，每次挑選的數字是瑪莉的獲利，也是喬治的損失。上表數字都是隨機抽出來的。遊戲當中雙方都看得到這張表以示公正，也清楚自己的輸贏籌碼。

1-2-2 「最壞的打算、最好的選擇」策略

　　瑪莉雖然無法得知喬治的選擇（喬治也是一樣），她（他）還是得想出對自己最好的策略；另外，由於他們必須同時選擇方案，兩個人都不能作弊。如果單純的依自己利益來觀察，瑪莉很可能為了多贏一點而選擇 F，並祈禱喬治笨得選擇 A，這樣她就可以順利贏到最高獎金 63。不過喬治也不是笨蛋，他相同也有的一張表，當然猜得到瑪莉的可能選擇，所以決定選 B，讓瑪莉只得到 2。瑪莉考慮到喬治可能看穿自己的想法，也許會謹慎一點，不論喬治怎麼做，她的每一步驟都是設法讓自己的利益極大化。所以，她得先假設喬治是個聰明的對手，並有所因應。

　　瑪莉首先觀察每一橫排（row），也就是自己可能的選擇，比較每行最小數字（代表喬治相對的最佳結果），然後再選擇最小數字中最大一行，這便是「**最小數極大化**」策略（maximin strategy），意謂著瑪莉將喬治給她的最小獲利極大化。依此邏輯，在第一橫排中，瑪莉會選擇 27(喬治選擇 C)；在第二橫排中，瑪莉會選 2(喬治選擇 B)；在第三橫排中，瑪莉會選擇 2(喬治選擇 A)；在第四橫排中，瑪莉會選擇 10(喬治選擇 B)。最後，瑪莉會傾向於選擇 E（27、2、2、10 中最大的數字），因為該行最小數字是 27，表示選這一行最差情況仍高於其他選擇，這時候不論喬治怎麼選，都無法將瑪莉的獎金拉到 27 以下，但若選擇其他卻可能因為猜不透喬治的想法而損失慘重。

　　這是很保守的策略，也稱為「**設想最壞狀況**」（worse-case planning），這種策略並非追求勝利，而是避免失敗。這種情況在現實生活屢見不鮮，如大學聯考跨組選填志願，這種策略雖非自己的最佳志願卻是最不會後悔的志願。如果瑪莉的目標正是力求不要「輸的感覺」，則採用「**最小數極大化**」策略是明智的。

　　我們再從喬治的角度來看這個遊戲，他儘可能使自己最差的情況變得有利，並且了解瑪莉也會選擇對她自己有利的方案，不過他必須儘可能讓瑪莉的努力落空。喬治的目標當然是追求損失極小化，因此極可能採取「**最大數極小**

化」策略（minimax strategy），也就是他應該找出每一行中可能得到的最大數字，再挑選其中最小。

對喬治來說，在第一直欄（column）中，喬治會選擇 63 (瑪莉選擇 F)；在第二直欄中，喬治會選擇 32 (瑪莉選擇 E)；在第三直欄中，喬治會選擇 2 7(瑪莉選擇 E)；在第四直欄中，喬治會選擇 60(瑪莉選擇 E)。再從各行最大數字中選擇最小一個就是 C 欄的 27(瑪莉選擇 E)。所以，不論瑪莉怎麼選都無法讓喬治損失超過 27。因此爲了自己的利益，喬治應保守點，選擇 C，若瑪莉也採取相同策略，則最佳選擇爲 E。最後瑪莉費盡心思只拿到 27 分，這也是她估計最少的得分，而喬治卻得到估算的最高分 27 分，這就稱爲**穩定遊戲**（a stable game），也就是說個別遊戲者的最佳選擇，剛好是最穩定的狀況。即使在完全公開對手的行動也不影響結果，其實根本不需隱瞞雙方的選擇。不論他們事前是否已經知道對手的行動，都不能再改善所得結果。

在此一賽局中，喬治採取的是「**大中取小**」（Minmax）策略；瑪莉採取的是「**小中取大**」（Maxmin）策略。瑪莉的「**最小數極大化**」和喬治的「**最大數極小化**」策略結果剛好一致，都是 27 分，而雙方也無法肯定有其他更好的選擇，因此雙方都沒有理由偏離此一決定。

1-2-3 料機敵先，出奇制勝

如果再作另一項經過變後的賽局。假設 C 欄的 19 和 27 對調，得第二張表如下：

表 1-2 喬治與瑪莉的賽局(2)

喬治

		A	B	C	D
	E	56	32	19	60
瑪莉	F	63	2	27	15
	G	2	29	23	38
	H	26	10	21	49

這時，喬治仍沿用先前將最大數極小化的想法，還是選 C，期待損失仍為 27 分；同理，瑪莉將最小數極大化，仍選 E，但期待獲利變成 19。所以兩人若用前述方式，這次瑪莉的得分變成 19，而不是 27。當瑪莉站在喬治立場做思考，發現喬治很可能選擇 C，那麼她就會改選 F；當然囉，喬治可能看穿瑪莉的計謀改選 B，使瑪莉落得只贏得 2 的下場。回過頭來看，如果喬治沒看出她的心思，那她很可能贏得 27。

換個角度看，瑪莉可以假設喬治可以猜透自己的想法，而決定選 B，那麼在下一局裡，瑪莉可以改選回 E，使自己在策略思考上略勝喬治一籌。但喬治當然也會在下一回合追上來，周而復始。

在此一賽局中，喬治與瑪莉間存在著一個**不穩定的均衡**：

(1)瑪莉選 E；之後

(2)喬治選 C；之後

(3)瑪莉選 F；之後

(4)喬治選 B；之後

(5)瑪莉選 E；之後

重複(1)到(5)……

在這樣的連續遊戲裡，雖然所有資訊都清楚呈現在圖表上或棋盤上，輸贏的關鍵在於戰術和對策的謀劃，謀劃力越強、看的「步數」比對手多、有能力在事前推演多個可行方案的人，勝算就比較高。上述喬治與瑪麗的例子是「一步定輸贏」的遊戲，所以不需要很好的記憶力。如果換成下象（西洋）棋和三國誌等遊戲，因其中涉及很多次棋步，如果一次想到並強記太多可行的下法，相信自己反而負擔不了。

1-2-4 風險分散提高勝算

若把規則稍微改一下、複雜一點，馬上可以得到另一組概念。如果允許喬治和瑪莉不只選一行，可以分開下注，譬如喬治可以把一半賭注放在 A，另外各押四分之一在 C 和 D，或者隨他高興下注在不同對象，當然也允許瑪莉適用

同樣的規則，想像他們兩人面前有一大堆籌碼，就好像在賭場輪盤遊戲一樣。

先來看看瑪莉在這個不穩定遊戲中的策略，如果目前採用最小數極大化策略，就應該單一選擇 E；如果喬治用最大數極小化策略，則會選擇 C，結果瑪莉只能贏得 19。其實，若如果瑪莉肯定喬治會選 C，她就應該挑 F，才能得到 27 分；換個角度看，兩個可能性都下注是否更好？

如果瑪莉為了防止狡猾的喬治得逞，決定把 2/3 的籌碼放在 E，另外的 1/3 放在 F，這樣即使喬治真的選了 C，瑪莉還是有 2/3 的機率贏得 19，1/3 的機率贏得 27，總共贏得 21.7 分。這比原來只能拿到 19 要好得多。如果喬治想唬她而選 B，那麼瑪莉就有 2/3 的機率得到 32，1/3 的機率得到 2，總和更高，為 22 分，喬治反而得不償失。但對純粹統計學者來說，這雖然不是瑪莉的最佳下注法，但也很接近了。不過如果真的要找出完美的決策，還需要更多的數學技巧與運算技術。

其實在整個遊戲過程中，喬治也在做贏錢的白日夢，他當然知道瑪莉可以選擇分開下注，所以喬治也用分散賭注的方式試圖降低瑪莉的獲利。他可以採取保守但也是最好的策略，也就是把一部分賭注放在 C，一部分放在 B，以便和瑪莉的策略抗衡。在這類遊戲中，不論穩定與否，對每一位遊戲參賽者都會有某種最佳策略：或是集中火力，或是分開下注，但二者都會達成最後的「穩定狀態」。

1-2-5 混合策略：隨機選擇

在兩人零和競賽中，不管對手如何下注，每位參賽者都有一個最佳的分散賭注策略，試圖使自己的獲利最大化。把所有的雞蛋放在一個籃子裡孤注一擲，能有極好結果是很少見的。如果同一個遊戲玩許多次，也會有相同結果。譬如在全部下注時間裡，瑪莉用 2/3 的次數賭 E，其他 1/3 時間則賭 F，並且小心地隨機下注，長時間下來結果跟分散下注幾乎完全一樣。反觀喬治最佳的對策也是隨機下注，讓瑪莉摸不透他的下注習慣，這種隨機選擇就是賽局學理上所謂的「**混合策略**」（*mixed strategy*）。

1-3　紅衫潮的賽局

1-3-1　事件簡述

2006/8/11 施明德號召百萬反貪腐遊行，意圖推倒疑似貪腐的當時總統阿扁。2006 年 9 月 9 日，反貪倒扁行動登場，民眾集結於總統府前的凱達格蘭大道進行靜坐。當時的台北市長馬英九破天荒核准其 24 小時的集會遊行。中東世界的半島電視台除了報導台灣倒扁民眾對陳水扁貪腐忍無可忍之外，還引述專家看法認為陳水扁不會下台。9 月 15 日，倒扁活動撤離凱達格蘭大道的同時，倒扁總部發動「螢光圍城」遊行，隨後並佔據台北車站繼續靜坐。

俟後，倒扁總部發起「環島遍地開花」行動，於 9 月 29 日下午 4 時許，由總指揮施明德率隊啓程出發。10/10 國慶日倒扁總部則在當天發動「天下圍攻」；泛藍立委提出的第二次罷免總統案，10 月 14 日經立法院院會記名投票，由於民進黨團禁止立委進立法院投票，致使罷免案再度失敗。

1-3-2　報酬分析

對於此次紅衫狂潮正反兩面看法極端，單就事件主要二個參賽者(阿扁與施明德)分析，若以零合賽局之「最壞的打算、最好的選擇」策略進行分析，施明德採取的是「大中取小策略」：取最大的攻擊，做最壞的打算；阿扁採取的是「小中取大策略」：取最小的傷害攻擊，做最壞的打算。簡述如下：

對施明德而言：

1. 當目的達成，阿扁下台，施明德三個行動策略：解散、有條件解散與不解散的報酬分別為：9、8、2。

2. 當主要目的達成，阿扁有條件下台，施明德三個行動策略：解散、有條件解散與不解散的報酬分別為：4、6、5。

3. 當目的沒有達成，阿扁不下台，施明德三個行動策略：解散、有條件解散與不解散的報酬分別為：2、3、1。

對阿扁而言：施明德的報酬便是阿扁的損失。

1. 當施明德採取解散，阿扁三個行動策略：下台、有條件下台與不下台的損失分別為：9、4、2。

2. 當施明德採取有條件解散，阿扁三個行動策略：下台、有條件下台與不下台的損失分別為：8、6、5。

3. 當施明德採取'長期抗爭不解散，阿扁三個行動策略：下台、有條件下台與不下台的損失分別為：2、5、1。

1-3-3 策略分析

		阿扁：小中取大		
		下台	有條件下台	不下台
施明德： 大中取小	解散	9	4	2
	有條件解散	8	6	3
	不解散	2	5	1

施明德採取的是「大中取小策略」：取最大的攻擊，做最壞的打算。亦即在阿扁行動策略中選擇相對應之最大報酬。

1. 當目的達成，阿扁下台，施明德選擇三個行動策略：解散、有條件解散與不解散中的最大報酬為立即解散，報酬為9。

2. 當主要目的達成，阿扁有條件下台，施明德選擇三個行動策略：解散、有條件解散與不解散中的最大報酬為有條件即解散，報酬為6。

3. 當目的沒有達成，阿扁不下台，施明德選擇三個行動策略：解散、有條件解散與不解散中的最大報酬為有條件即解散，報酬為3。

以上三項對應策略中最低的報酬（最壞的打算）為：「阿扁不下台、施明德有條件即解散」，報酬為3。

報酬函數：（施明德, 阿扁）

　　阿扁採取的是「小中取大策略」：取最小的傷害攻擊，做最壞的打算。

1. 當施明德採取解散，阿扁選擇三個行動策略：下台、有條件下台與不下台中的最小損失爲不下台，報酬爲 2。

2. 當施明德採取有條件解散，阿扁選擇三個行動策略：下台、有條件下台與不下台的最小損失爲不下台，報酬爲 3。

3. 當施明德採取長期抗爭不解散，阿扁選擇三個行動策略：下台、有條件下台與不下台的最小損失爲不下台，報酬爲 1。

　　以上三項對應策略中最不好的損失（最壞的打算）爲：「阿扁不下台、施明德有條件即解散」，損失爲 3。

　　賽局雙方達成均衡解：「阿扁不下台、施明德有條件即解散」，阿扁損失（亦即施明德的報酬）爲 3。雙方沒有偏離均衡解的動機，理由是不管對任何一方，更動行動策略只會讓己方的報酬更糟糕。

2 賽局理論的基本概念

賽局是一種策略的相互依存狀況：你的「選擇」即「策略」將會得到什麼結果，取決於另一個或者另一群有目的的參賽者的選擇。

賽局理論最早由 Von Neumann & Morgenstern 於 1944 年首先提出[13]，直到 1950 年，由 John Nash 發展出零合賽局及提出有名的「納許均衡」（Nash equilibrium）後，賽局理論才真正得以發揚光大，成為一門顯學。[14]發展至今，賽局理論被普遍利用在經濟學上的各個領域，如企業競爭、國際貿易、勞動經濟以及政治經濟學等。[15]在賽局理論的規則中，必須先釐清三件要素：一、誰是參賽者；二、所有參賽者可以選擇的行動策略；三、所有參賽者的報酬函數。拉斯繆森（Rasmusen）歸納了賽局的基本元素如表 2-1 所示。[16]

2-1 賽局理論的基本架構

2-1-1 賽局理論的基本假設

根據 **Romp 對於參賽廠商的決策行為做出了三個基本的假設：即自利主義（individualism）、理性(rationality)、彼此牽制(mutual interdependence)。**[17]「自利主義」主要是假設賽局中的參賽者均是自私的，做任何決策必定以自己的利益為考量，也就是以自身利益極大化為考量前提。在非合作類型的賽局當中所產生的合作行為並非例外，其所考量的亦是以自身的利益為出發點，此一論述與新古典經濟學假設個人在做決策時，無須考慮到與其他人的互動，而只

[13] *The Theory of Games in Economic Behavior.* New York: Wiley.
[14] Nash, John F., 1950, "Equilibrium Points in n-Person Games", *Proceedings of the National Academy of Sciences*, Vol. 36, pp. 48-49.
[15] Gibbons, R.1992, *Game Theory for Applied Economists*, Princeton: Princeton University Press.
[16] Rasmusen, Eric, 1994,"Nuisance suits,"in *The New Palyave Dictionary of Economics and the Law*, Peter Newman, ed., Lodon: Macmillan Press 98.
[17] Romp, G., 1997, *Game Theory-Introduction and Applications*, Oxford University Press, pp.1-4.

需參酌自己的情況及市場條件的論點相似。

「理性主義」(rationality)則是假設參賽的個體皆是理性的，也就是能夠預設參賽者有能力判斷他們做任何決定所得到的結果。也因此遇上不理性的手，不可用賽局角度觀察互動行為。這樣的理性假設受到不少質疑，在新古典經濟學理論中，理性的選擇就是極大化某人的報酬，也就是求解一個極大化的數學問題。但在賽局理論裡，情況較為複雜，因為個人的最後報酬並不只取決於本人的策略與相關的市場條件，還取決於其他人的策略之互結果，因此理性假設顯然與實際狀況不符，故理性的假設未免不夠周全或太一廂情願。

然而任何理論均需要有簡化的假設，況且沒有一種理論能完全解釋現實狀況。所以我們仍舊可以定義策略性的理性選擇，是一個「極大化一群策略互動決策者的報酬」的數學問題，而此問題的解就稱之為賽局的解。[18]

賽局最後一個假設為「彼此牽制」，也就是假設參賽者間的互動是彼此牽制或影響的，**參賽者除了以自身利益最大化為考量外，應該留意對手的反應予以調適策略，不能單純考量自身的決策、一廂情願，或為所欲為，此為賽局的精髓所在，也是與傳統經濟學最大不同所在。**

---

[18] 陳建良，「賽局理論」，智勝出版，初版，2006 年 6 月。

表 2-1　賽局的基本元素

賽局理論元素	說　明
參賽者(Players)	單人和多人，人類和上帝
行動或規則 (Actions or Rules)	參賽者可應用的行動以及行動的前後順序、出招次數
訊息(Information)	訊息結構之分類： ● 完全(perfect)訊息：訊息集合為單一節點，所有訊息皆為共同資訊（無私有資訊），不完全訊息有二個以上的節點，但不會同時發生。 ● 確定(certain)訊息：參賽者隨機做決策後，"上帝"不再行動 ● 充分(complete)訊息：每位參賽者均曉得賽局之所有基本元素(參賽者、行動集合、報酬函數) ● 對稱(symmetric)訊息：所有參賽者之訊息分割均相同
策略(Strategies)	參賽者由其擁有的訊息集，選擇該執行的行動集合
報酬(Payoffs)	參賽者在賽局結束時，所能得到的報酬
結果(Outcomes)	結果 = 行動策略 + 報酬 Outcomes = action + payoff
均衡或解答 (Equilibrium or solution)	把對方之決策視為既定，自己再做決策，包括每位參賽者在給定其他參賽者的最佳策略下，所選擇之策略組合。即當參賽者之預期與策略都不再修正時，則賽局達到平衡。（最佳策略：參賽者可以得到最高報酬之策略，而且參賽者不會有其他策略之動機。） 常出現的平衡包括以下四種： ● Nash 均衡：訊息充分之靜態均衡 ● 貝氏Nash 均衡：訊息不充分之靜態均衡 ● 子賽局之完全均衡：訊息充分之動態均衡 ● 完全貝氏均衡：訊息不充分之動態均衡

資料來源：整理修改自 Rasmusen, Eric(2001)著，張建一、楊家彥、吳麗真譯，「賽局理論與訊息經濟」，五南出版社，2003 年 7 月。

2-1-2 賽局理論基本元素

　　賽局理論主要是研究參賽者間策略行為互動的關係，不同賽局類型將產生不同的結果[19]。常規型賽局(Normal Form Game)包括三個組成部份：參賽者、

---
[19] 梁文貴，1998，「訊息不足對決策行為之影響－賽局、訊息與交易成本三理論之觀點」，大同學報，第 28 期，頁 45-54。

每位參賽者可能採取之各種策略行動以及相對應的報酬函數。參賽者採取策略的不同組合(The Set of Strategy Profiles)存在對應之報酬組合關係,所以在賽局規則中,必須先釐清三件要素:(一)誰是參賽者;(二)所有參賽者可以選擇的行動方案;(三)所有參賽者的報酬函數。

2-1-3 賽局理論的內涵

　　賽局理論在邏輯推演上可以說是數學模式的衍生應用,其內涵在於研究互動形式的決策模式,因此在應用於多人競賽與遊戲最為廣泛。當對於策略結果的報酬(payoff)給予一個數字來表示其偏好順序(preference)時,即已充分考慮到競爭對手的心態。在賽局的遊戲當中,透過策略推估,尋求自己的最大勝算或利益,從而在競爭中求生存。[20]

　　依照這樣的觀念,從下棋、撲克牌等遊戲直到不被認為是簡單遊戲,諸如各種社會的、經濟的、軍事的衝突等等,皆有報酬的特性,原則上皆適用於賽局理論分析。但由於這種非純屬簡易遊戲的經濟、政治、軍事、社會問題不必然皆是一方之得等於一方之失的零合賽局。加上在知識爆炸的時代裡,訊息取得容易但更複雜,因此在兩造皆知道得失後果的情況下,往往會選擇妥協解,也就是一種競合(雙贏)的概念。因此,實際應用於社會科學的賽局理論便多集中於非零合賽局。

　　最著名的非零合賽局首當是由普林斯頓大學的數學教授塔克(Albert Tucker)所提出「囚犯困境(兩難)」(Prisoner's Dilemma)賽局,適用範圍非常的廣泛。當兩人互動的過程中,經常有類似的狀況產生,合作是好的結果,但有一方不合作可獲利的時候,自利的行為驅動原始的合作模式很難再堅持下去,而最終結果均使雙方落入相對不利的窘境之中。因此可由此賽局中得知,當每個人都採取劣勢策略要比採取優勢策略要來的有利,囚犯困境賽局便道出了非零合賽局的重要性與獨特性。

　　在這些賽局背後我們必須探討平衡的概念, Ho and Weigelt (2004) 認為賽局理論之所以特別在於:強勢的規範力量,藉由設計出平衡的策略來界定參賽

---

[20] 巫和懋與夏珍「賽局高手」,時報出版社,2004 年 5 月 15 日,頁 124-125。

者應該選擇哪些策略，並且此策略是具有合理、穩定、最佳化等三大特色。而最常被使用的平衡概念即John Nash於1950年提出的均衡概念（後人稱爲『納許均衡』，Nash Equilibrium），其中假設**參賽者皆爲理性，競爭者必然是全面考量對手的所有可能策略之後，以極大化報酬爲最佳考量，一旦到達均衡後，任一方均無誘因能單方面偏離其均衡。**

賽局迷人之處便在於利用簡單的遊戲規則（參賽者、訊息集、報酬函數、策略節點）來達到均衡的結果，但對於賽局的最終結果（納許均衡），並非絕對理性或有效率，但卻能夠適切地貼近事實的現況，因此賽局被廣泛利用於各領域案例模擬分析。

2.2 賽局理論基本類型

賽局的應用端賴個案的性質而定。一般來說，賽局大致上可依照兩大構面來區分：（1）參賽者出招順序，若參賽者行動有先後順序的情況下，即所謂的動態賽局，通常後行動者佔有後發優勢（但某些賽局具有先發優勢特性）；而靜態賽局則指參賽者同時出手，及一局定輸贏的賽局。（2）參賽者是否掌握其他對手相關資訊（背景、策略運用、報酬函數等），若參賽者對所有其他參賽者的資訊完全清楚，則此賽局爲完全賽局；否則，其爲不完全賽局。將兩個構面結合成四個不同類型的賽局，而在該賽局均衡下，即產生以下四個常見的賽局概念，如表2-2所示：

表 2-2　賽局的種類與對應之均衡概念

	完全訊息	不完全訊息
靜態賽局	納許均衡(NE) (Nash 1950)	貝氏納許均衡(BNE) (John Harsanyi 1967-1968)
動態賽局	子賽局完全納許均衡(SPNE) (Reinhard Selten 1965)	完全貝氏納許均衡(PBNE) (Reinhard Selten 1975) (Kreps and Wilson 1982) (Fudenberg and Tirole 1991)

資料來源：1. 巫和懋、夏珍「賽局高手」，時報出版社，2004 年 5 月 15 日，頁 124-125。

2. 張維迎，「賽局理論與信息經濟學」，茂昌圖書，2000 年 1 月。

　　除了以上基本賽局分類之外，也可依照不同的情境或模式來加以分類，分類如圖 2-1，而這些情境並非單獨存在，有時候是兩種或以上的模式混合之多人複雜性賽局，端賴所分析的情境而定。

2-2-1　參賽者以行動順序，區分為：

1. 靜態賽局

　　在賽局中參賽者同時行動，或行動雖有先後，但後參賽者無法得知前一參賽者的行動，通常以賽局方格或賽局樹來展現。

2. 動態賽局

　　在賽局中參賽者的行動有先後順序，且後參賽者在行動前可以得知前參賽者的行動，進而改變自己的行動，常以賽局樹呈現。

2-2-2　依賽局局數，區分為：

1. 一次性賽局(one-shot game)

　　各參與者只互動一次的賽局，就是指進行一次的賽局，又稱為靜態賽局。

2. 有限賽局(Limited Games)

　　參與者可互動多次的賽局，但有明確結束之時點。

3. 無限賽局(Unlimited Games)

　　參與者可互動多次的賽局，但無明確結束之時點。

2-2-3　依訊息性質，區分為：

1. 完全訊息賽局(Compete Information Games)

　　每位參賽者對所有其他參賽者的背景、行動策略及報酬函數均有充份瞭解。

2. 不完全訊息賽局(Incomplete Information Games)

賽局中至少有一位參賽者對其他參賽者的訊息不得而知。

2.2.4　依賽局參賽者人數，區分為：

1. 雙人賽局(Dual player Games)

2. 多人賽局(Multi-players Games)

2.2.5　依賽局參賽者承諾強度，區分為：

1. 合作賽局(Cooperative Games)

   參賽者可作出具約束性承諾的賽局；在衝突的環境中，經多次的互動，產生隱性勾結，由對立到合作，達到雙贏。分析單位是群體(Group)或聯合體(Coalition)。

2. 不合作賽局(Non-cooperative Games)

   參賽者間不存在約束性承諾的賽局；對手的策略確定，競爭者可有最適反應，透過策略推估，尋求自身最大利益。分析單位是參賽者。

2-2-6　依賽局行動先後關係，區分為：

1. 同時賽局（simultaneous game）

   各參與者同時行動、或各參與者之行動雖有前後，但彼此的行動是無法觀察到彼此行動的先後。

2. 序列賽局(Sequential Games)

   各參與者之行動有一定的前後順序，後行動者能在觀察對手先行動者的行動後，再採取行動。

2-2-7　依賽局報酬關係，區分為：

1. 零合賽局(Zero-sum Games)

   參與者為兩人，則一參與者的正償付恰為另一參與者的負償付，即兩

參與者之償付完全衝突。若參與者償付的總和爲某一定常數，此常數可爲正、負或零。則通稱爲常數和賽局（constant-sum game）

2. 非零合賽局(Non Zero-sum Games)

參與者之償付的總和並非一定常數，而是隨參與者策略組合之異而不同。

2-2-8　依參賽者對賽局報酬貢獻，區分爲：

1. 規範性賽局（rule-based games）

參賽規則明確且參賽者的各種反應是可預知的。

2. 自由式賽局（freewheeling games）

「自由式賽局」沒有明確的規則限制，參賽者互動可有較大的變化空間。其參賽規則是，每位參賽者所贏得的不能超過他對於整場賽局的貢獻(you can not take away more than your added value)。所以自由式賽局的重點將在於如何在賽局中創造附加價值（added value），而不是如何掠奪自他人的成果。由於經常需要所有參賽者齊心協力經營這場賽局，才能增加整體賽局的整體價值，同時使每一個參賽者獲得較大的報酬。因此當一場賽局的報酬，要靠其他參賽者的合作才能獲得，就較會採行合作雙贏的策略了。

2-2-9　依賽局呈現方式，區分爲：

1. 策略賽局(Stratege Games)

2. 擴展賽局(Opened Games)

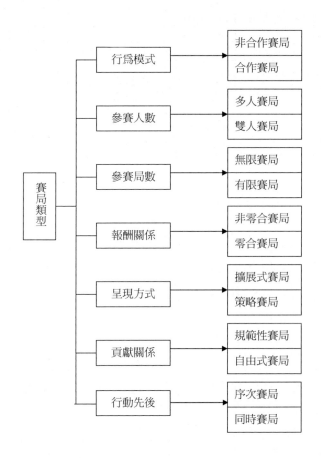

圖 2-1　　不同模式之賽局分類方式

資料來源：　修改自李哲名，「名間參與公共建設特許談判談判權力之研究」，國立交通大學土木工程系碩士論
　　　　　　文，2004 年，頁 38。

2-3 　靜態賽局的類型

　　一般的賽局理論皆包含上述的賽局基本元素，我們運用以上的基本元素作為賽局分類的變數，靜態賽局的可能型式組合方式如下：

表2-2　靜態賽局型式

賽局	參賽者	行動規則	報酬	資訊結構	策略	平衡
靜態	人數	次序/同時	零合/非零合	完全/確定	單一/混合行為	Nash 平衡/貝 氏 Nash 平衡

2-3-1 　靜態賽局的展現方式

　　靜態賽局通常以賽局樹或賽局方格（Game Matrix）來展現，為了簡化賽局過程，二個人的賽局最常見，但不排除多人賽局，只是賽局推演的困難度隨著賽局人數的增加呈現等比級數增加。[21]

　　賽局結構－行動規則可區分為序列賽局與同時賽局，前者出招策略有先後關係，後者則是同時出招。然而，在某些情況下，二者之間可能可以改變或切換。若以資訊結構而言，如果賽局結構，含前述的參賽者、出招策略與報酬結構等若皆已知，則為一種「完全賽局」；假若上帝在賽局一開始（或最後）便已決定報酬類型與機率後便不再有任何作為時，我們稱之為「確定賽局」。

　　若以參賽者的出招策略類型來看，可分為二大類：一為單一策略，一為混合策略。前者乃是參賽者每一次的出招策略為單一策略，後者則是參賽者每一次的出招策略為多種策略的混合運用。若以賽局的推演結果來看，若只需要依效用極大化推演其優勢策略，則稱為納許均衡（Nash Equilibrium）；如果在不完全賽局下，部份資訊必須藉由貝氏定理進行推導才能獲得並推演其優勢策略者，則稱為貝氏納許均衡（Bay's Nash Equilibrium）。

---

[21] N 個參賽者便有 N(N-1)/2 種對奕關係，尚且還不算三者間對奕關係。

2-3-2 實例：假日晚餐的談判[22]

這是一場談判，也是一場賽局！沒有刀光劍影，也沒有生死搏命，卻是處處陷阱、處處玄機……

時間：某個假日的傍晚

地點：台北某處公寓的三樓

參賽者：三個人，小丸子、丸子爹與丸子媽

談判主題：晚餐何處去

………………………………………………………

丸子爹休假在家的那一天，通常是全家到外頭打牙祭的時候。

丸子媽則待在客廳，電視正播著媽媽最愛看的爭權奪利經典連續劇「愛」。在節目結束前的這段時間，將是決定晚餐吃什麼的最後關鍵時刻。

作業寫了一半的小丸子開始行動了。

「晚上吃迴轉壽司吧！」小丸子故意、不經意地先試探問著丸子爹，試圖掌握先行發言的權利，想要爭取「先行者優勢」。

迴轉壽司是小丸子的最愛，尤其是鮭魚肚生魚片，他一口氣可以吃上好幾盤。

「去問媽媽想吃什麼……」丸子爹試圖讓賽局回到原點。

丸子爹話還沒說完，小丸子一溜煙已經靠到丸子媽的身旁，撒嬌地問媽媽：「晚上是不是吃迴轉壽司呀？」

小丸子擺明了談判的主題，並試圖操作訊息，以影響決策。

[22] 資料來源取材自：「發呆亭」部落格，http://blog.udn.com/stephenC，2007/03/19。

「你爹喜歡吃小火鍋，你去問你爹想不想吃？」丸子媽知道，想減肥的丸子爹認為，日式小火鍋最清淡，吃完又有飽足感，是丸子爹心裡頭的最佳選擇。

小丸子驚覺不妙，為了避免丸子爹媽採取聯合行為，使他處於談判劣勢，立即提出新的建議：「這樣子好了，我們都把自己最想吃的晚餐寫出來，再來商量決定。」

丸子爹寫的當然是「日式小火鍋」，他對冷冷的壽司完全沒興趣；丸子媽寫的則是「四川麻辣鍋」，因為「這個多天都還沒去吃過」。

在小丸子準備的小紙條上，小丸子認真地寫上了「迴轉壽司」，字雖然有點歪歪扭扭，但進一步強化他的立場。

假投票的結果，三個人的最優先的選項都不同：都是投自己一票。對小丸子而言，這是危機，也是轉機。危機是他只有一票，轉機是小丸子爹與小丸子媽各有所好，可見得他還有機會。

按照賽局理論，當有愈多談判者或更多議題加入原先的談判時，會讓原本陷入膠著的談判更容易達成協議。

「我們來抽籤決定好了，這樣比較公平！」小丸子接著嘗試改變遊戲規則。讓原本一次出招就可定案的「靜態賽局」，瞬間變成了先後出招的「動態賽局」。

對丸子爹與丸子媽來說，其實晚餐吃什麼都可以。兩人都明白小丸子的企圖，也交換了眼神。說：「嗯，來抽抽看啊！」

小丸子迅速做好籤，一共三張，分別寫著「迴轉壽司」、「日式小火鍋」與「四川麻辣鍋」，對於原本沒有決策權的他來說，已經從「沒有機會」到三分之一的機會。

但小丸子運氣還真差，丸子媽先抽出的是「日式小火鍋」。就這麼定案了嗎？

　　小丸子開始要賴，說為了公平起見，要抽三次，抽出最多的才算。他再次以聽似有理的關說，企圖再次改變遊戲規則。這也有點像是「臘腸策略」：把臘腸切開一片一片地，利用緩慢漸進的動作，拖延決策，試圖削弱威脅。

　　可惜的是，接下來他抽出的也是「日式小火鍋」。唉！鬼點子一堆的小丸子自己都嘆了口氣。晚餐吃什麼，似乎已經塵埃落定囉。

　　談判需要有耐心的，根據諾貝爾經濟學獎得主奧曼所提的「無名氏定理」所說，在重複賽局中，只要透過不斷地互動、溝通，就有可能達到納許均衡解。

　　「口是…，前兩天才吃過日式小火鍋的呀！」小丸子並未放棄，繼續遊說著丸子爹與丸子媽。「吃迴轉壽司比較快啦！不用等老半天，吃完我可以早一點回來寫功課呀！」

　　賽局理論中，改變參賽者報酬也是影響結果的重要方式之一。不死心的小丸子使出最後一招：「那，我們先開車出去，看看哪裡比較好停車.....」

　　坐在壽司店迴轉盤旁，小丸子開心大口地吃著他最愛的鮭魚壽司，丸子媽則貼心地幫丸子爹點了一碗熱騰騰的味噌湯以彌補吃不到的日式小火鍋的遺憾。兩個人滿足地瞧著寶貝兒子的吃相。

　　這是當天的晚餐，因為在丸子爹與丸子媽心裡，小丸子永遠都擁有「優勢策略」。

3　沙灘賣冰賽局

愚人常因把困難看得太容易而失敗，智者常因把容易看
得太困難而一事無成。

　　所謂「沙灘賣冰理論」，是指在一處佈滿泳客的沙灘上，在假設每點的泳
客密度都相同情況下。有數家冰店準備進駐，他們該怎麼選擇店址？

　　如果只有一家冰店進駐，不容懷疑，你一定是開在海灘正中間，因為你可
以照顧到所有的顧客。但如果兩家冰店準備進駐，他們該怎麼選擇店址？其中
就可以看到策略選擇與自利動機的影響下，呈現極特殊的型態。

　　如圖 2-1 所示，若將沙灘視為橫軸，最左為 0，最右為 1，冰店究竟應設在
哪個座標上（0、1/4、1/2、3/4 或 1），才能吸引最多的泳客來消費（代表冰店
的最大利潤）？

　　這種沙灘賣冰理論現象在商業行為中不時可見，例如一條街上都是同樣的
營生，聚行成市，形成常見的小吃街、服飾店、電影街、3C 電器街等。政治
上也是如此，兩黨政治中的政黨，為了爭取更多選民，會不斷向中間路線移動，
例如美國的共和黨與民主黨，其實除了國際關係政策外差異不大；2000 年民進
黨獲取中央執政之前，陳水扁喊出的「新中間路線」，也是此一觀點下的產物。

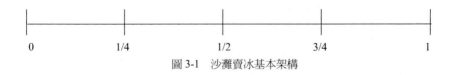

0　　　　　　1/4　　　　　　1/2　　　　　　3/4　　　　　　1
圖 3-1　沙灘賣冰基本架構

　　從 0 到 1 之間，有許多分佈點，要往中間開店呢？還是往 1/4 或 3/4 的地點
開店？以泳客的角度，當然希望到最近的冰店買冰最方便。但是，如果你選擇
在 1/4 點開店，另一家則在 3/4 的點開店，那麼，從 0 到 1/2 的泳客走到 1/4 點

買冰，而從 1/2 到 1 的泳客則走到 3/4 點買冰，二家冰店瓜分市場，對泳客都相當方便，此一論點看似合理。

但隨著兩家冰店追求最大利潤目標下，經過賽局的實際摸索，他們不會停留在 1/4 和 3/4 點，而都會向 1/2 點靠攏。因為此一動作可以繼續瓜分 1/4（或 3/4）與 1/2 間的利潤。1/4 點的店會想往右邊多移個十公尺，那麼從 0 到離 1/2 點右邊五公尺的泳客會想到這兒買比較近一點，就能順利擴充市場，增加利潤。同樣的，設在 3/4 的另一家冰店也會想往左邊多移個十公尺，那麼在 1/2 右邊的泳客，都會想到這兒買冰近一點，它又與另一家冰店平分市場了。

結果兩邊力量相當，兩家店都向中間靠攏，直到 1/2 點才會停止。這樣達到的狀態，雖未必對泳客最有利（因為兩家冰店都開在沙灘正中間，僻鄰而居），但是競爭狀況相當穩定，任一家店都不想再移動，這就是冰店競爭的「納許均衡」。

納許均衡（*Nash Equilibrium*）是約翰·納許（John Nash）在他博士論文中提出來的均衡觀念，到達均衡後**「任一參賽者均無誘因單方面偏離此均衡」**，以此作為檢驗納許均衡的標準。或者是說，定義納許均衡為「一組互為最適反應的策略組合」。因為已是最適反應，所以「任何一方均無誘因單方面偏離」，這二個定義是一樣的。

賽局就是站在對手角度多想幾步，然後決定自己該怎麼做。在沙灘賣冰的例子中，第一家冰店想到對手可能往中間移動強佔沙灘中間生意，當然要先發制人；第二家店看到第一家冰店移動，也會跟著移動以免吃虧。

經過理性的分析，兩家冰店可能一到沙灘，二話不說，都往 1/2 點開店，兩家背靠背不必再經過試誤推演的過程，就已經達到「納許均衡」。泳客被犧牲，只好多走些路（尤其是在 0 到 1/4 和 3/4 到 1 的泳客），到沙灘中間（1/2 點）買冰。結果，兩家冰店的生意平分天下，利潤雖然與開在 1/4 與 3/4 處相同，但泳客的福利則被剝奪了。

這個現象在一般商業競爭行為中屢見不鮮。常常看到一條街，擠滿賣類似商品的商店，小吃街是如此、3C 賣場如此，婚妙禮服店也是如此。大家都往

中間靠，產生群聚效果，但生意最好的通常是靠近中間的店。這就是賽局分析中一個有趣的現象：均衡策略，當兩家店都開在 1/2 的時候，二家參賽者都沒有誘因單方面偏離。運用「納許均衡」的沙灘賣冰架構，可以用來觀察分析許多情況，當然「沙灘賣冰」是最簡單的一個例子。

但如果沙灘上有三家冰店，情況會比較複雜。如果有二家冰店已經開在沙灘中間，那麼第三家就不宜再往沙灘中間開，應該重新把一半的沙灘當一座沙灘看，則開在 1/4 或 3/4 處（甚至於往 1/2 處移動）會是一個很好的位置。如果它開在 1/4 處，則與原先中間靠左邊這一家冰店又瓜分了左半邊市場；如果它開在 3/4 處，則與原先中間靠右邊這一家冰店又瓜分了右半邊市場。原先的冰店受到衝擊，被瓜分市場的冰店如同被夾擊般腹背受敵，它也必須在適當時機提出反制策略。例如當第三家冰店往 1/2 處移動時，它退出中間沙灘佔據 1/4 或 3/4 處反而是更好的選擇，此時角色對調對第三家冰店反而不是明智之舉。[23]

多人賽局（三家冰店、四家冰店、五家冰店、更多冰店）複雜許多卻很有趣，讀者可以嘗試推演看看。例如，當沙灘冰店繁多時，則在哪裡開店基本上差異不大，甚至於可以以『佔滿沙灘』為策略。[24]但有二原則不變：一為離其它冰店有點距離以保有市場；二為切忌開在沙灘邊邊上，恐怕有被逐出市場，消失之虞。[25]

3-1　台灣的平面媒體市場的沙灘賣冰

台灣的平面媒體市場的演進便是一個典型的實例。在 1988 年解除戒嚴之前，台灣的平面媒體市場存在三大多小，三大為中國時報、聯合報與中央日報。中央日報與多家小報皆為政府過國民黨掌控與經營，可謂是政策傳聲統。唯有中國時報、聯合報為二大民營平面媒體。其中以中國時報較能在民意導向與政策導向間取得平衡，為台灣當時的第一大報。（如圖 3-2A）

---

[23] 可以思考近十多年來，台灣藍綠政黨的定位與消長。
[24] 如黃劍、白劍、綠劍口香糖佔有口香糖市場；海倫仙度斯、沙宣、飛柔、潘婷洗髮精皆屬於 P&G。
[25] 例如在台灣政治生態下，深綠或深藍的小黨都被邊緣化了。

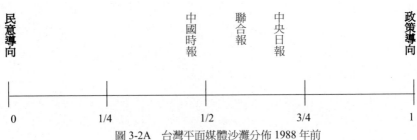

圖 3-2A 台灣平面媒體沙灘分佈 1988 年前

　　隨著 1988 年台灣解除戒嚴與報禁，許多的平面媒體趁勢崛起。台灣平面媒體沙灘分佈也產生質變，原本以『政策導向－民意導向』的沙灘分佈本質轉變為政治光譜的『統一（藍）－台獨（綠）』的沙灘分佈。（如圖 3-2B）與當時台灣政治光譜同步呈現，讀者（選民）屬性被分割為二。其中強調台灣主體意識的自由時報趁勢而起，加上在 1992 年至 1994 年間經過三次大規模的訂報促銷活動，最高時曾將發行量衝到 120 萬份，讓台灣一舉進入三大報的時代。自由時報正式超越中國時報與聯合報原二大民營平面媒體而一舉為台灣最大的民營平面媒體。中國時報與聯合報被定位為偏統一傾向（藍）的媒體後發行量大幅萎縮。

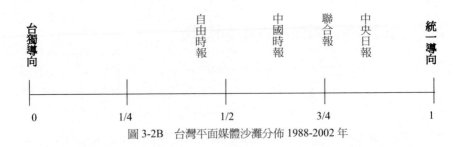

圖 3-2B 台灣平面媒體沙灘分佈 1988-2002 年

　　經過戒嚴十年，台灣的民主精神深化後，台灣讀者慢慢地對於以政治為平面媒體報導內涵的報紙產生某種程度的厭惡感，對以閱讀八卦娛樂新聞以減輕生活壓力的需求開始依賴。2003 年五月一日正式在台灣創立的「蘋果日報」，

以全彩的版面、聳動的標題和勇於揭發黑幕的嚴厲作風來吸引讀者，並且以深深影響台灣各新聞產業的新聞編輯風格異軍突起。相對於原三大報立場顯明，慢慢淪為政治當權者護航與扮演政治打手的鄉愿報紙。蘋果日報成為真正挖掘政治醜聞並為民眾伸張正義的良心報紙，銷售量蒸蒸日上，已然成為跨入二十一世紀的台灣第一大報。

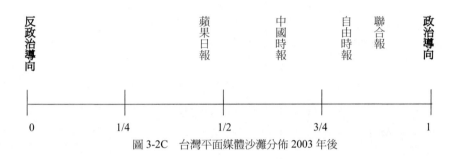

圖 3-2C　台灣平面媒體沙灘分佈 2003 年後

　　從台灣媒體近三十年的變化來觀察可以發現，平面媒體（或其它產業）市場本質一直處於改變中。唯有體認並掌握到市場變化的廠商可以在市場存活下來。也可以驗證參與賽局理論的真諦：『**上上等人是佈局者；上等人是改變賽局者；中等人是適應賽局者；下等人是被賽局擺佈者**』。

3-2 台灣優格市場的沙灘賣冰[26]

　　優格於 20 年前引進台灣時，是喝一罐掉一罐的市場，十罐當中只有不到一罐是賣出去的，因為當時在台灣優格是沒有存在過的市場，只有在台外國人及出國留學過的人在買，有的人喝過之後以為是壞掉的牛奶，因此再也不敢吃。其實經過二十年的市場教育，優格的好處已經獲得消費者的認可，然而市場需求並未充分的滿足。

---

[26]　取材自國立屏東科技大學討論稿 GT0801「台灣優格市場的沙灘結構」。

3-2-1　1980~2002 年優格市場的沙灘結構(市場忽略期-喝一罐掉一罐的市場)

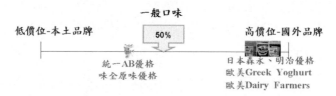

一般口味

低價位-本土品牌　　　　　　50%　　　　　　高價位-國外品牌

統一AB優格
味全原味優格

日本森永、明治優格
歐美Greek Yoghurt
歐美Dairy Farmers

圖 3-3A　台灣平優格市場沙灘分佈 1980~2002

　　1980~2002 年間本土品牌只有統一、味全等大廠推出價格 16 元的原味優格。但對市場規模只有 2 億元並不看好未來發展,統一對此還做過研究,認為消費者對於此種優酪乳的延伸商品並不感興趣。

3-2-2　2002~2007 年優格市場的沙灘結構(改變賽局-愛鮮家產品與行銷之市場區隔)

進入沙灘

低價位-本土品牌　　　　　50%　　　　　高價位-外國品牌

統一AB優格
味全原味優格

愛鮮家-植物の優
市佔率65%

日本森永、明治優格
歐美Greek Yoghurt
歐美Dairy Farmers

圖 3-3B　台灣平優格市場沙灘分佈 2002~2007 愛鮮家的策略

　　愛鮮家的策略是尋找「無爭之地」,也就是競爭者少、市場規模夠大(目標約 5 億元)。當初發現同業都不重視優格市場,大膽切入,在產品、價位與行銷上做出市場區隔,進一步減少競爭者數目,拉大競爭優勢,嚇阻小廠的進入。再藉由林志玲擔綱代言,上市短短一個多月,市占率衝上 65%,也讓「植物の優」的銷售量在一個月內竄升成第一大品牌,每年營收約五億元。

1.產品區隔-口感與包裝創新:改變賽局結構

◎口味-添加大粒果實

　　愛鮮家開發出口感好吃的植物の優，引進獨特發酵技術，更以大粒果實增加口感且讓消費者感到物超所值，連曾經吃過再也不敢嘗試的消費族群，在看別人吃的津津有味之後，也開始試著吃看看。

◎包裝-創新面霜罐裝優格、鎖蓋式包裝與瓶裝的規格

　　原本在市場上只有統一、味全等有推出價格 16 元的優格，而且是以類似鋁箔紙的膜封口，當時才離開味全自行創業的愛鮮家體認到，一定要切割出全新的市場，才有機會成功。他用女性最常用的保養品面霜當範本，做出「女性點心」的商品味道，因此「植物の優」儘管定價上高出原來的商品近 1 倍，卻因為罐子長相不同，消費者並沒有認為是同一種類，並依據不同需求提供三種容量規格的瓶裝(500ml、200ml 與 100ml)。且為了更進一步減少競爭者數目，設計重複開合使用的鎖蓋式包裝，採用獨步台灣的無菌無污染生產設備，以確保水果原始的風味與口感，這一連串的動作都在拉大競爭優勢，嚇阻小廠的進入，而大廠在面對 5000 萬以上的投資時，通常決策較為緩慢，使得這款新產品有較多成長的時間。

2.價位區隔-拉高價位

　　愛鮮家大膽的採用了一個新的規則，除了改變包裝以及內容物，商品定價一下跳到 28 元，區隔了市場而消費者也認定為「另一種點心」，才激起這市場的成長潛力。

3.行銷區隔-首創明星代言、人氣名模引爆買氣

　　藉由林志玲代言，隨著超級名模林志玲代言的廣告在電視上大力放送，更帶給消費者愉悅的滿足感，親切可人的林志玲相當具有說服力，讓消費者產生吃植物の優，就能像林志玲一樣健康美麗的正向聯想。對不少男性買家而言，吃「植物の優」根本就是為了「吃林志玲」，女性則是為了「吃出像林志玲一樣美麗的外貌和身材」，也讓「植物の優」的銷售量在一個月內竄升成第一大品牌，遠超過市場第二大品牌一倍以上。

3-2-3 2002~2007 年優格市場的沙灘結構(提高競爭優勢-優沛蕾進入賽局)

傳統口味　　　　　　　　　50%　　　　　　　創新口味

統一AB優格　　　　愛鮮家-植物の優　　優沛蕾
味全原味優格　　　　市佔率50%　　　市佔率20%
國外進口優格

圖 3-3C　台灣平優格市場沙灘分佈 2002~2007 優沛蕾的策略

以 2008 年為例，台灣優格市場約七億元，在眾多廠商新品加入後，整體規模可望繼續拉高。雖然旗下產品穩坐領導品牌，但市佔擁有近五成的植物の優面對同業的跟進(優沛蕾近幾年仿效植物の優成長快速，拿下近兩成市佔率)，以及消費者的喜新厭舊，愛鮮家還是得努力讓產品魅力不墜，並防止競爭者找到切入點，植物の優深耕口味的多元化，陸續推出多款系列優格。除了原有的水果系列，還陸續開發出「飽食感」、「每日骨本」、「每日均衡」、「每日多酚」等新系列，一貫地將「加法」策略發揮得淋漓盡致，以佔滿沙灘的方式試圖搶回版圖。以「飽食感」系列為例，一款是「水蜜桃＋燕麥＋蒟蒻」，價格只比水果系列調漲一塊錢，務必要讓消費者感到「物超所值」。

3-2-4 2007~2008 年優格市場的沙灘結構 (白熱化賽局結構-統一搶灘)

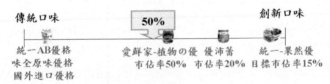

傳統口味　　　　　　　　　50%　　　　　　　創新口味

統一AB優格　　　愛鮮家-植物の優　優沛蕾　　統一-果然優
味全原味優格　　　市佔率50%　　市佔率20%　目標市佔率15%
國外進口優格

圖 3-3D　台灣平優格市場沙灘分佈 2007~2008 統一搶灘

台灣食品業龍頭，統一公司乳品部觀察國外經驗來看，優格市場仍有極大的成長空間。2007 年統一乳品首度推出「果然優」優格，力拼優沛蕾、植物の優，不同於其它品牌的產品代言人操作，統一企業強調「產品才是英雄」 的品牌管理哲學，讓消費者能吃到豐富的料，是「果然優」有別於其它競品的特色。預計在 7 億的優格市場，拿下 15%的市場。

3-3 台灣宅配產業的沙灘賣冰[27]

3-3-1 第一階段沙灘

中華郵政創辦於 1896 年，是台灣最早經營郵件寄送包裹的業者，剛創立時，是屬於官署體制，一切運作皆須受到法令規章及行政程序約束，組織員額制度僵化，人力結構漸趨老化等問題，欠缺經營事業應有的機動性及彈性，透過修法之後，於 2003 年一月一日，改制為國營公司，目標為能儘速達成經營管理企業化、經營多角化、資金運用效益化、服務項目多元化及人力運用合理化等目標。

經營的業務剛開始僅止於函件的遞送，隨著社會大眾對物質交流的需要，逐漸經營包裹業務，而函件與包裹乃成為郵政的基本業務，除此之外，還包含儲匯及簡易人壽保險等業務。

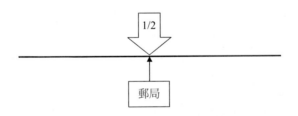

圖 3-4A 台灣宅配產業第一階段之沙灘

---

[27] 取材自國立屏東科技大學討論稿 GT0802「宅配產業的沙灘賣冰理論」。本討論稿參考文獻計有：統一速達網站 http://www.t-cat.com.tw/ ；台灣宅便通網站 http://www.tws.com.tw/ecan/index.asp ；大榮貨運網站 http://www.tjoin.com/；台灣郵政全國資訊網 http://www.post.gov.tw/post/index.jsp；周秀蓉：台灣宅配服務業的經營發展與策略之個案研究—以統一速達公司「宅急便」為例；陳媛姿，國際快遞業與國內相關物流業之市場分析與研究，南台科技大學，管理與資訊系；林啟銘，中華郵政發展專業型宅配之經營策略探討 開南管理學院；台灣專業型宅配公司個案之比較研究，管理與決策 2005 年學術研討會特刊，第 231-252 頁；洪政仁，宅配服務之顧客滿意度研究-以台中市都會區為例，朝陽科技大學企業管理系；宅配物流服務之新型態決策模式探討，2006 台灣物流年鑑；吳曉鈺，國內宅配業品牌形象與品牌聯盟對品牌忠誠度影響之研究；物流技術與戰略，第七期。

3-3-2　第二階段沙灘

　　第一家競爭者出現，大榮貨運成立於 1954 年，為台灣規模最大的貨運公司。在 1990 年，為配合台灣整個零售市場經營型態的改變，開始積極進入物流配送市場，成立常溫及低溫物流事業部，1997 年的營業額已高達新台幣 34 億元。由於大榮貨運的加入，使得郵政包裹業務與一般貨運業存在競爭關係，而郵政包裹業務也因貨運業者的競爭，已不在擁有以往的優勢，於 1996 年包裹收寄量之成長率下滑至 0.8%。

　　郵政包裹業務雖與一般貨運業(大榮貨運)存有競爭關係，但其業務畢竟有顯著之差異，市場區被分成「一般包裹運輸」及「貨物運輸」，一般貨運業(大榮貨運)之主要市場為公司行號(B2B)，而由於中華郵政分佈極廣，因此一般民眾之小型包裹皆仍委託中華郵政寄送。

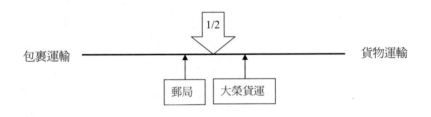

圖 3-4B　台灣宅配產業第二階段之沙灘

3-3-3　第三階段沙灘

　　隨著現代人生活形態的改變及生活水準的提昇，消費者期望購物後有更輕鬆、簡便的配送方式，將所訂購的商品送到指定的地點，因而衍生出個人化配送的商機。而「宅配」所強調的正是全天候、小件商品、專業化的配送服務，因此有許多的電子商務業者欲與宅配業者結合，採行結盟的方式進行商品的配送。為因應消費者對此種個人化配送的需求，許多業者看好此一市場，紛紛加入宅配行列。

(一)宅配服務在台灣興起之原因

1. 直接行銷之誘因

　　直接行銷最大的特徵是不需要店鋪，也可將商品或服務銷售至消費者手中。其對企業而言，由於電訊、通訊網路發達，不需店鋪即可販賣商品，可節省大筆開店支出，例如：租金、勞力成本；並藉由宅配服務，直接將商品販售予消費者，不但節省流通成本，消費者亦可以更優惠之價格獲得商品；再者，金融體系的健全使得資金流通順暢，加速直接行銷的發展，也間接促成了宅配服務的興起。

2. 網路購物的興盛：

　　網路購物亦屬直接行銷中通訊販賣的一種，但網路購物發展相較於其他直接行銷的方式，網路購物成長時間短且快速。台灣陸續有固定通信綜合網路業務（固網）業者正式營運，更加速網路購物的成長。然網路購物可藉由網際網路改變現有交易之商流、金流及資訊流，但唯獨物流無法完全被取代，因為消費者購買之實體商品仍須經由傳統運輸管道配送才能取得，所以宅配業者將此網路購物視為最看好的市場。

3. 消費者購物習慣的改變

　　由於雙薪家庭比例增加、可支配所得增加，與老年人口增加，均使得在家購物的需求提高，因此，需宅配公司提供到府的配送服務；且由於大眾 運輸工具的改變，民眾至消費地點較少利用私人工具，改以大眾運輸工具，例如捷運，而其所購得之貨品，也可藉由宅配公司運送至家裡，無須自行搬運。

(二)宅配服務的型態

　　宅急便的主要業務分為 B2C 及 C2C 兩種，顧客分兩大類

　　1. 專業型宅配(Customer to Customer)

為消費者對消費者，及提供個人或家庭小宗貨件的包裹運送服務；或
企業對消費者，及配送消費性商品。通常上游無關係企業，且立場中
立，因此配送通路開放，可服務多家商品販賣者，又通常不涉及商品
販賣，僅負責單純的配送功能，統一速達、台灣宅配通、大榮貨運皆
屬於此類。

2. 販賣型宅配(Business to Customer)

專指業者將所販售之商品直接配送到消費者家中的服務，如送花、送
便當、送 Pizza、送報紙或送牛奶等「送貨到府」的服務。

(三)宅配通路

1. 以往商品傳統的通路一般是透過大盤、中盤、小盤經銷商或零售店等，
最後才到消費者手中，這其中所付出成本、效率的拖延，使企業公司及
消費者皆受損。

2. 「宅配」服務即是「直效行銷」的一個過程，中間沒有經銷商、零售店
的參與，而是直接將商品銷售給消費者。宅配業者表示，這樣的行銷方
式將會是個趨勢，未來國人對「宅配」的要求也愈來愈頻繁。

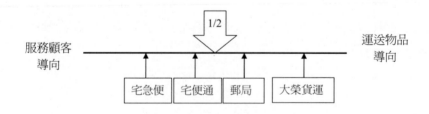

圖 3-4C　台灣宅配產業第三階段之沙灘

(四)相關競爭企業背景剖析

企業名稱	分析
統一速達	1. 成立於 2000 年 2. 與日本「大和運輸」合作，引進日本大和運輸的 Know-How 成立統一速達公司 3. 結合統一超商門市導入「宅急便」服務，創造一個新的市場環境，並將傳統的「運送物品」導向轉為「服務顧客」導向的多元化服務機能及個人化配送服務。 4. 企業關鍵成功因素： 　　(1) 顧客理論(最高指導原則)：強調服務品質，設身處地站在顧客的立場，提供服務，並要捨棄過去企業利益為主的觀念。例如：黑貓宅急便的每位宅配員都需要經過至少一個月受訓從貨物堆疊的方式、門鈴要按幾次、如何與收件人應答等全部都在宅配員上課的範圍中。再加上每部車都有固定的宅配範圍，讓宅配員經年累月地熟悉地理人情。每台車上都有一張「安全地圖」，宅配員自己標示出需要注意的地方，例如死巷、小孩子多的路口、某一戶養了狗等。 　　(2) 高密集配站：高密度配站的設置業是以顧客服務的角度來考量，使顧客能夠方便的託運貨物。 　　(3) 員工培養觀念：全公司經營觀念的改革，讓員工的忠誠度及向心力大增，成功改變員工心態。如SD，不但負責貨物運輸的工作，還必須向客戶作廣告宣傳，另外貨物受理、填寫表單、收取費用、輸入電腦等作業也都由SD負責。 　　(4) 完善的資訊處理：現階段是依種資訊、通訊蓬勃發達的時代，唯有掌握關鍵的資料庫，將服務網路遍佈全國，才能提升服務水準，並迅速反應顧客需求。 　　(5) 創新的商品(服務)開發：全體員工一致努力強化服務品質，共同開發各種新商品、服務，並在全國推展上市，進而教育消費者，改變其生活習慣與消費型態。
台灣 宅配通	1. 成立於民國 2000 年 2. 東元電機集團為了革新傳統快遞服務，整合集團中原有多年物流專業基礎的「東源儲運」，並與日商「日本通運」結合成合作夥伴，共同創設「台灣宅配通股份有限公司」。 3. 但因為宅配通的品牌不強勢，導致無法迎頭趕上統一速達。 通路網建立與專業設備所需的資金成本龐大，目前系統使用量尚未達到規模經濟，損益平衡困難。
郵局	1. 目前所遭遇的困境： 　　(1) 網際網路以及新興通訊科技發展所帶來的衝擊，民間通訊方式越來越多元化，手機、E-mail 甚至是 PDA 都已逐漸取　代了傳統以紙張傳遞訊息的方式，中華郵政函件收入佔郵政收入的 70%以上，而信件與印刷物佔收寄函件量的 80%。在面對信函與印刷之通知單、繳費單等郵件，都逐漸被通信科技所取代的情況下，中華郵政必須來積極拓展利用傳統配送運輸系統到消費者手中的實體貨物的業務。 　　(2) IT 應用與方案選用不足，導致作業勞力密集度高。 　　(3) 競爭者擁有到府收件的優勢，例如同業採取隨投隨收或到府收件的業務。 　　(4) 商業網路應用不足、整合資源不足，導致無法提升應用與創新。 2. 郵局不提供 365 天的服務、不到府收貨、不提供不限次數的再配送，沒有低溫配送，也沒有指定配送的時間帶...等等，服務不多。
大榮貨運	1. 貨運業所運送的貨品是以不具時效性的貨品為主，其服務對象則以一般企業或製造業為主，亦兼營 C2C 部分，較偏向運送物品導向。 2. 「戶對戶的宅配，是物流未來發展的趨勢」，個人化的需求隨著生活品質的提升慢慢被突顯，強調服務品質的宅配是消費趨勢，物流業者在未來將慢慢從運輸業定位為服務業。

3-3-4　第四階段沙灘

在現今以顧客致上的時代，企業為了要能獲得消費者的青睞，不斷地更新設備及服務態度，使顧客在第一時間都能感受到一流的服務品質，此階段最重要的是郵局與大榮貨運也朝向多元化服務，滿足顧客需求，使得目前宅配市場的競爭更趨熱烈。還有一個現象為消費者生活品質提升、強調個人化的服務，紛紛往「服務顧客導向」方向移動。在未來，市場佔有率、通路據點、服務多樣化及服務品質將其重要的競爭優勢。

2007 年台灣宅配的商機預估約在 450 億以上，且觀察日本「宅急便對日本社會的影響」，日本國民平均每人每年利用包裹的次數為 29 次，而台灣目前為 3.3 次，因此宅配業者相信台灣的市場成長空間非常大。

統一速達與台灣宅配通之間的競爭依然激烈，但統一速達與宅配通最主要的差異點在於業務的開拓上，統一速達的重心以 C2C 為主力，因此利潤較高較穩定，其豐沛的商品開發能力，使得統一速達一直是市場上的領導者。台灣宅配通則全力攻占 B2C 市場，為求迅速占有市場，且業務收入佔營業收入的90%，，B2C 市場以企業貨為主，企業貨物利潤較低，因此，兩家公司雖然貨量相近，但營收卻差距很大。

(一)企業基本資料比較表

企業名稱	郵局	統一速達	台灣宅配通	大榮貨運
宅配成立時間	93 年	89 年 10 月	89 年 8 月	90 年 7 月
宅配品牌	優先配	宅急便	宅配通	一日配
技術來源	無	日本大和運輸	日本運通	日本西濃
資本額(億元)	400	10	5.6	49.7
員工人數	26,000	2000	1200	1300(宅配)
車輛數	*	770	520	900(宅配)
營業據點	2266	1700	1300	160(宅配)
代收點	全省鄉鎮市的郵局	7-11、康是美、福客多、 新東陽、郭元益、誠品書店、生活工場…	全家、萊爾富、 OK、金石堂、三商百貨、中國石油…	營運所、中國石油加油站
主要業務	B2C C2C	C2C	B2C C2C	B2C C2C

(二) 貨量成長率(表與圖)與宅配 C2C 市占率

單位：萬件

年度	郵局	統一速達	台灣宅配通	大榮貨運
2000 年	2000	*	30	450
2001 年	1600	360	350	500
2002 年	1400	880	900	550
2003 年	2000	1400	1000	600
2004 年	2500	2100	1500	700

資料來源：物流技術與戰略，第七期

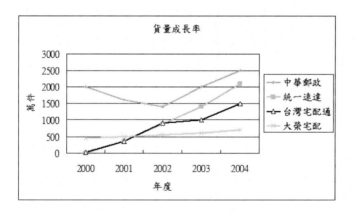

　　由 2000 年至 2004 年宅配的貨量成長率來看，郵局因為成立已久，長年累積的顧客群，所以有一定的貨量。再來進行宅配業的分析，可看出統一速達的品牌優勢、高服務品質，以及全台綿密的服務運輸網，使得統一速達為擁有最多的貨量，統一速達在 2007 年貨量首次突破 3 仟萬件，其次是台灣宅配通，最後則是大榮宅配。

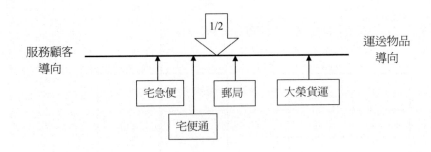

圖 3-4D　台灣宅配產業第四階段之沙灘

3-3-5　產業環境未來趨勢

　　郵局在逐漸流失市場後亟欲挽回頹勢，因此除固守領域外，也刻意突顯她在宅配上的可信任元素。但畢竟在消費者心中的定位積習難改，擴展有限。反而宅配業者在未來台海兩岸三通之下，進出口的貨物量將大幅成長，除了已經規劃進駐大陸市場以外，台灣本身的業務量勢必是發展的重點，因此規劃港口、機場的物流中心、投入國際物流市場，宅配的未來將可以成為貿易供應鏈的物流整合服務。

4 東邪與西毒的囚犯兩難困境賽局[28]

> 什麼是納許均衡呢?簡單說,就是一個策略組合中,所
> 有的參與者面臨這樣的一種情況:給定你的策略,我的
> 策略是我最好的策略;給定我的策略,你的策略也是你
> 最好的策略。即雙方在對方給定的策略下不願意調整自
> 己的策略。

　　賽局推導有兩個基本假定:第一,賽局參與人(參賽者,*players*)是理性的;第二,賽局參與人的報酬(或指效用,*payoff*)不僅取決於自己的行動,同時也取決於其他人的行動。在賽局中,「每個人是理性的」是一公開資訊,它是每個參賽者進行行動策略選擇的前提。因此,**當一個理性的人作出自己的行動策略的時候,除了想自己得到最大的利益,他還要考慮其他與人的想法和可能採取的相對應行動策略。**

　　本章將從「囚犯的困境(兩難)」開始,討論典型的的靜態均衡概念。

　　對任何向量策略集合 $S = (S_1, \cdots S_n)$ 表示參賽者的行動策略集合,$(S_1, \cdots S_{i-1}, S_{i+1}, \cdots, S_n)$ 以 S_{-i} 標註,則表示是不含參賽者 i 的行動策略集合。

　　參賽者 i 對其他參賽者選取的策略 S_{-i} 的**最佳回應(best response)**或**最佳反應(best reply)**是策略 S^*_i,這能使他得到最佳的報酬,亦即:

$$\pi_i\left(s_i^*, s_{-i}\right) \geq \pi_i\left(s_i^{'}, s_{-i}\right) \quad \forall s_i \neq s_i^* \tag{4.1}$$

　　若沒有其他策略是一樣好,最佳回應是強勢最佳(strongly best);否則則是弱勢最佳(weakly best)。

　　賽局推導的第一個重要均衡概念是「優勢策略均衡」。

---

[28] 本節數理推導部份主要取財自 Rasmusen 著「賽局理論與經濟訊息」,頁 14-101。

策略 s_i^* 若是一位參賽者對其他參賽者可能選擇的任何行動策略的嚴格最佳回應（strictly best reply）時，此一策略便是一優勢策略（dominant strategy）。表示參賽者 i 採取 s_i^* 的報酬最高。若以數學式來表示：

$$\pi_i(s_i^*, s_{-i}) > \pi_i(s_i', s_{-i}) \quad \forall s_{-i}, \forall s_i' \neq s_i^* \tag{4.2}$$

相對地，其他的策略是**劣勢策略**（dominated strategy）。

一個優勢的策略均衡（*dominant strategy equilibrium*）是由所有參賽者的優勢策略構成的策略組合。其內涵為：一位參賽者的優勢策略是在考慮其他參賽者行為下的最佳回應。 不一定美一個賽局都存在優勢策略，但參賽者必須試圖探知其他人的行動以做為選擇自己的行動策略之參考。

4-1 合作與不合作賽局的類型

在賽局中，資訊與資源優勢是極其重要的。對於合作性的賽局來說，在考慮自己的行動策略的同時，還需要考慮到對方的利益，以及可能採取的行動策略；對於進行「非合作性賽局」參賽者來說，如何有效利用自己手中的資源，關係到自己的生死存亡。

只有把參賽者的利益都考慮進去，在不傷害對方的利益的前提下，才能保證合作性賽局可以順利進行，否則就會演變成「利益衝突性賽局」，從而導致參賽者的利益都遭受損害。

合作賽局（cooperative game）是參賽者可作出約束性承諾的賽局，有可能進一步造成勾結行為；相反地，若他們無法相互約會，則是不合作賽局（noncooperative game）。

以上的定義勾畫出兩種賽局類型最常見的區隔，但賽局真正的不同在於設立模型的方法。兩個賽局類型皆從基本的賽局規則出發，但他們的不同之處在於所採用的求解的概念性差異。合作的賽局通常可以達到 pareto 最適境界（pareto- optimality）。

運用於個體經濟學上，合作賽局最常見用在議價模型。囚犯的困境是不合作賽局，但如果允許參賽者不僅可以溝通，而且可以作出具約束性的承諾，它可能演變為合作的賽局。「合作賽局」通常允許參賽者藉由額外報酬（side-payments）來瓜分合作的利潤－彼此間的策略移轉改變了既定的報酬。合作賽局理論通常經由求解的概念併入複雜的承諾和額外報酬；而非合作賽局則可能藉助增加額外的行動來求解。合作和不合作賽局間的差別不在於衝突發不發生，如下面所表現的情況例子共有四種狀況：

◆ 合作賽局沒有衝突：勞動成員間最艱難的工作就是彼此合作，如台鐵工會中秋節罷工，原屬於沒有衝突的合作賽局（此為「隱性勾結」），政府介入後將之改變為有衝突的合作賽局。

◆ 合作賽局有衝突：寡佔者間的議價，如同品牌加盟店、高速公路運輸業者、加油站業者、泛藍（綠）陣營、鐵達尼號上的逃難乘客。是一典型的【表面合作；暗懷鬼胎】的賽局。

◆ 不合作賽局有衝突：囚犯的兩難，如超微與英特爾間的爭戰；微風與 SOGO 之爭；Sony 與 Panasonic 之爭。

◆ 不合作賽局沒有衝突。如中油與台塑石油的油價策略。多數電腦準系統公司沒有溝通而設定產品標準，同時採取 Win-Intel 系統。此為「隱性勾結」。是一典型的【表面競爭；私下勾結】的賽局。

4-1-1　合作、沒有衝突賽局

所謂合作賽局，意謂參賽雙方必須相互合作才能共同完成某件工作或任務。依其是否有衝突又區分為合作、沒有衝突賽局，與合作、有衝突賽局。

前者如同對球員之間必須合作才能讓球隊獲得勝利，但球賽過程中可能有競爭關係，甚至於有個人揮灑空間的存在。以棒球而言，全隊防守時，九名球員各司其職，缺一不可，即使派出王牌投手，仍需要隊員共同幫忙，守好每一個被擊出的球，減少失誤到最低，才能贏球。再如攻擊時，雖然是輪番上陣打擊，但除非全壘打，否則每一名上壘的人皆需隊友的棒棒支援才能順利回來得

分。

以兄弟象爲例，當洽洽安打上壘後，下一棒也是強棒致遠。致遠登上打擊區在不考慮教練指示的情況下，當然可以有多種選擇。其中之一是用比較保守穩當的安打把洽洽送回本壘得分。另一種選擇則是想大力一揮，看能不能錦上添花來個全壘打。然而揮大棒打全壘打的風險－被三振的可能性較高，所以打球靠球技也靠智慧。每一位球員都可能需要別人幫忙才能往前推進，甚至於回本壘得分；但每一個人也都有機會去協助隊員。如果隊員間能夠以互助爲優先，所得到的效用相信是最大的，報酬（2,2）。如果隊員間暗懷鬼胎，希望獲得別人幫忙，自己卻自私自利，相信對球隊與個人都是不好的，報酬（0,0）。（如表 4-1）

表 4-1 合作賽局沒有衝突：同一球隊隊員

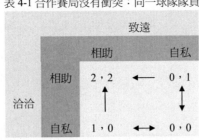

（洽洽，致遠）的報酬

4-1-2　合作、有衝突賽局

一種典型賽局，參賽雙方必須相互合作才能共同完成某件工作或任務，但最後卻必須面臨利益上的衝突。看過鐵達尼號這部電影吧，逃難的場景讓人在面臨死亡前的恐懼時格外怵目驚心。當共同合作才能逃離現場，卻面臨逃難小艇有限，必須有人犧牲時，利益衝突便上演了。誰願意捨身救別人呢？

經濟學或賽局都是假設人是理性的！何謂理性呢？一語道破就是自私的－追求自己效用極大化。因此當大家合作把救難小艇放到海面時同時面臨著搶位子的衝突。如果大家都是理性（自私）的，結果將是大家搶成一團，死傷會比

原先所預料的來得更糟糕。（如表 4-2A）

　　然而對堅貞的愛情而言，當雙方把對方的生比自己的死更加重要時，情況就會有改變。因此唯一可以破解衝突狀態的大約就是「愛」了，如傑克為了成全蘿絲而犧牲自己，把唯一的一塊浮木留給了蘿絲，把對愛情堅貞的精神留給自己。（如圖 4-2B）

　　雖然愛自己所愛的人犧牲自己也是理性的行為，但站在經濟學角度來看，此種行為並非理性，我們並不把這層關係納入考慮，理性追求自己效用極大化才是基本的假設。

表 4-2A　合作賽局有衝突：鐵達尼號上逃難的乘客

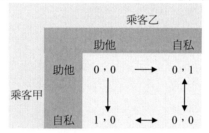

（乘客甲，乘客乙）的報酬

表 4-2B　合作賽局有衝突：鐵達尼號上逃難的傑克與蘿絲

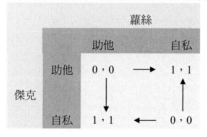

（傑克，蘿絲）的報酬

　　合作有衝突的賽局再如：貧賤夫妻，夫賣懷錶買妻之髮夾，妻賣頭髮買夫之錶帶做為聖誕節禮物。最後落得犧牲自己卻成全不了對方的窘局。

4-1-3 不合作、有衝突賽局

納許最有名的「囚犯的兩難（困境）」賽局，就是典型的不合作而且衝突的賽局。參賽雙方基本上面臨利益上的衝突，而利益的高低正負則決定於之間的賽局出招結果。

警察分離偵訊，以避免串供，又採「抗拒從嚴，坦白從寬」原則，設定了以下報酬結構：如果兩人都否認，警察沒有確鑿的證據，偵訊不得要領，關一年後只能無罪開釋，報酬（-1，-1）；如果兩人都承認，那麼兩人就因其犯行得到懲罰，都關上 8 年，報酬（-8，-8）；第三種情況，甲否認，乙承認，乙描述了犯罪事實，基於他當污點證人，就把乙給無罪開釋，但是否認的甲，抗拒從嚴，總共要關 10 年，報酬（-10，0）；第四種情況是甲承認，乙否認，甲無罪開釋，乙卻得被關 10 年，報酬（0，-10）。

因為警方製造了利益衝突：「萬一我否認，對方承認，那麼他沒事，我得被關 10 年，這太危險，為了避免對方背叛犯案前的共同誓言，不如我先承認了吧。」在利益衝突下，彼此缺乏信任，明知一起否認犯行是最好的結果（pareto-optimality 解），但因為分離偵訊的開始，加上不信任對方，就造成了一個不合作賽局。單方面維持協定是沒有用的，太容易被對方利用，自陷被關 10 年的危險中，索性承認。當雙方都如此思考，結果便落入被關 8 年的相對不利處境。『囚犯困境』賽局就是沒有任何機制可以讓兩人互信下，在特定的報酬結構下演生出的不良結局。

表 4-3　不合作賽局有衝突：囚犯的兩難

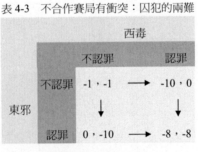

（東邪，西毒）的報酬

4-1-4　不合作、沒有衝突賽局

在多數的企業競爭環境下，企業間是屬於相互競爭多於合作的狀態，所謂的「同行相忌」即是如此。然而爲什麼又有部份的產業會自然而然形成「勾結」行爲（暗中勾結與台面上的勾結）的情形呢？因爲勾結的利益可能高過競爭的利益，促使競爭雙方採取勾結的策略。

例如中油與台塑兩大供油廠商，明爲競爭，實際上在油價的調整上採取暗中勾結的方式，油價的調整策略就是相互參考、心照不宣。另外像從前的錄放影機的製造商原本分爲 Beta 與 VHS 兩大系統，後來也都統一爲 VHS 系統，因爲採用相同的系統所帶來的利益明顯高過相互競爭。到了個人電腦時代，我們發現它可以稱爲 Win-Tel 時代，因爲爲了聯合把市場作大，硬體以能和 Intel 相容爲設計基本要求，軟體作業系統則與 Windows 相容爲設計基本要求，如果不這麼做，廠商很難去獲得消費者認同。

近幾年來，個人數位助理（PDA）因時代的潮流紅極一時，當時先有 Palm 系統，再有 Win CE 系統。微軟公司爲了迎頭趕上並取而代之，花費相當多的研發費用研發出更多的周邊應用軟體，終於一舉打敗 Palm 系統。即使目前兩大系統各有所擅，但 Win CE 系統的應用性與普遍性明顯高於 Palm 系統。因此廠商在考慮生產的 PDA 作業系統時基本上雖然會有兩個納許均衡解，但是其中之一爲弱勢均衡（Palm-Palm），另外一個（Win-Win）才是強勢納許均衡解。

表 4-4　不合作賽局沒有衝突：系統業者

		廣達	
		Win	Palm
華碩	Win	2，2　←──	1，1
		↑	↕
	Palm	1，1　←─→	1，1

（華碩，廣達）的報酬

4-2 囚犯的困境

最被世人熟知的賽局典範型態是「囚犯困境」（或稱爲囚犯兩難，prisoner's dilemma），這是非常重要的賽局，很多分析由此爲考量而發展，例如過去十多年的兩岸情勢，就如同「囚犯困境」。「囚犯困境」賽局是納許的老師塔克（Albert Tucker）首先提出的。適用範圍非常廣，在兩個人互動的過程中，經常發生類似情境，合作是好的結果，但有一方不合作可獲利的時候，自利的行爲使原始的合作結果很難維持下去。

舉例來說，當東邪、西毒兩個小偷失手被警察抓到了，警察告訴他們，必須承認做壞事，如果你不承認，另一人承認的話，得對你加重懲罰；如果你合作的話，就減輕罪狀，早早放你出去。

在下圖 4-5 二人靜態賽局的表示方法中，我們可以把東邪（第一位參賽者）放在左邊，西毒（第二位參賽者）放在上面，第一位的策略（不承認、承認）用來確定橫行（row），第二位的策略用來確定縱列（column），而二人策略的組合就對應二人的報酬。像東邪否認（第一行），西毒承認（第二列）就對應報酬（-10，0），其中第一個數字是第一位參賽者東邪的報酬，第二個數字是第二位參賽者西毒的報酬。以矩陣表示出報酬型態，就成爲標準的策略式賽局表示法（strategic from game），我們常稱之爲賽局方格（*Game Matrix*）。

圖 4-5　東邪與西毒的囚犯困境賽局

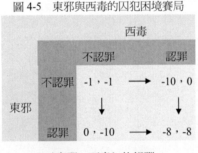

（東邪，西毒）的報酬

　　警察分離偵訊，以避免串供，又採「抗拒從嚴，坦白從寬」原則，設定了以下報酬結構：如果兩人都否認，警察沒有確鑿的證據，偵訊不得要領，關一年後只能無罪開釋，雙方報酬爲（-1,-1）；如果兩人都承認，那麼兩人就因其犯行得到懲罰，都關上六年，雙方報酬爲（-8,-8）；第三種情況，東邪否認，西毒承認，西毒描述了犯罪事實，基於他當污點證人，就把西毒給無罪開釋，但是否認的東邪，抗拒從嚴，總共要關 10 年，雙方報酬爲（-10,0）；第四種情況是東邪承認，西毒否認，東邪無罪開釋，西毒卻得被關 10 年，雙方報酬爲（0,-10）。

　　因爲警方製造了利益衝突：「萬一我否認，對方承認，那麼他沒事，我得被關 10 年，這太危險，爲了避免對方背叛犯案前共同的誓言（義氣），不如我先承認了吧。」在利益衝突下，彼此缺乏信任基礎，明知一律否認犯行是最好的結果，卻因爲不相信對方，加上分離偵訊讓資訊無法溝通，造成了一個不合作賽局。單方面維持協定是沒有用，容易被對方栽贓，自陷被關 10 年的危險境地之中，不如索性承認。當雙方都想這麼做，下場便是落入都被關 8 年的相對不利處境（當然不是最差的被關十年）：在沒有任何機制（資訊無法溝通以取得互信基礎）可以讓兩人互信，造成了「囚犯困境」。

　　囚犯在犯案前，都指天發誓，萬一出事絕對不能吐實，兩人約好被抓都得否認，頂多被關一年，這是對雙方最好的報酬，總比承認被關 10 年好。但在警方、檢察官分離偵查辦案時，經由上述「抗拒從嚴，坦白從寬」的報酬設計，（承認、承認）成爲「納許均衡」策略，因爲給定對方承認，自己的最適反應必然是承認（在-10 與-8 間選擇-8）；而且一旦到達（承認、承認）後，雙方均無單方面偏離的誘因。

4-2-1　機票價格戰的囚犯困境

　　囚犯困境可以用來觀察許多事。比方說，航空公司要採取合作或不合作策略，合作就是雙方都把票價訂得很高，彼此都獲利很高；不合作就是雙方都採降價策略，大家拚個你死我活。最後因爲市場就這麼大，顧客多不了太多，彼此的利潤都變薄，這就是陷入相對較差的囚犯困境結果，都降價、但獲利少。

對一家航空公司而言，最好情況是我降價，對方不降價，那麼我搶攻市場，對方失去顧客。利益衝突就造成雙方偏離原來不降價協議的誘因，所以航空公司常常發生價格戰，企圖讓對方失去市場，自己獲利，都想單獨偏離利潤還不錯的均衡，結果兩敗俱傷，彼此都減少利潤。以表 4-6 報酬方格來表示這樣的對峙情況。當兩家公司維持原價，都可得十億元利潤，單方面降價可得十八億元利潤，且造成對手利潤降為三億元，可是如果雙方都降價則雙方利潤都降為四億元。

表4-6　機票降價策略之囚犯兩難賽局

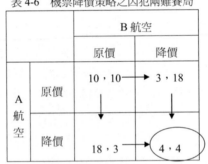

（A 航空, B 航空）報酬

表 4-6 的報酬結構，其實等同於囚犯困境，雙方找到都沒有誘因偏離的均衡，就是雙方均降價，也互為最適反應；要雙方約好一起偏離，回歸原價而不降價，實行起來很困難。因為對對手是否會信守承諾沒有信心，這是不合作賽局的特性。就像沙灘賣冰一般，到達 1/2 點的時候，兩家冰店都不會偏離，以免市場被壓縮，除非兩家約好一起偏離，但維持這樣的協定非常困難。

比方說，多年前在台灣航線調高票價後，台中到台北線的班機有兩家競爭：立榮與華信。兩家的票價分別是一千二百九十和一千二百四十六元。結果華信先採取會員卡制，凡是使用會員卡者，每搭乘四次，就能得到二百元的折扣；立榮緊接著也採取會員制，但是會員制不是四次有一次折扣，而是持會員卡搭

機者，每次搭機都有折扣，票價為一千一百八十三元；這個優惠顯然比華信的折扣更誘人，華信看看情況不對，於是又跟進，除了每四次有一次二百元的折扣外持會員卡搭機者，也都有票價優惠，一千一百八十四元；立榮的市場優勢又受到挑戰，於是也把出四次搭機一次折扣二百元的優惠吸引顧客。這個折扣戰，顯然還未到終局，兩家航空公司陷入困境，乘客則是價格戰的受惠者。

4-2-2 優勢策略均衡未必存在

我們再討論一下重要的均衡觀念：優勢策略（dominant strategy）。納許均衡的策略是對應對手的最適反應，必須要標明策略之後才能找出最適反應的均衡策略；但是優勢策略就不須在乎對手所採策略是否偏離，或對偏離一方反而不利。因此，「不論對手如何反應都是最好的選擇，是為優勢策略」。

舉例來說，在棒球賽中已有二人出局，打者又面臨二好球三壞球，你站在三壘上，打者一揮棒，你的優勢策略不管打擊結果如何就立刻向本壘狂奔。因為保送、截殺或球落界外重來時，你跑也無傷，而安打時你當然更要跑；「立刻就跑」是你的優勢策略，但是優勢策略在一般情況下未必存在。

在上述航空公司機票戰中，A 的利潤十八億大於十億，四億大於三億，降價的策略永遠比原價的策略有利；對 B 而言，也是降價的策略永遠比原價的策略有利。這樣不管對手如何出招，雙方均發現降價的策略永遠優於原價的策略，降價就是一個優勢策略，當參賽者均有優勢策略時，這樣的策略組合就形成了「優勢策略均衡」。

像在航空公司價格戰中，「降價、降價」不但是一個優勢策略均衡，也是一個納許均衡。不難證明：「一個優勢策略均衡必定是一個納許均衡，但反之未必成立」。雖然優勢策略均衡經常不存在，但納許均衡則永遠存在。納許在一九五○年提出的定理在賽局推導中非常重要。他提出納許均衡之後，繼之而起發展賽局的數學和經濟學家，許多延伸的觀念都以此為基礎發展，不論是預測冰店開在哪裡，或是困境賽局會產生什麼現象和結果，他的立論都非常清晰、合乎理性。

4-3 反覆優勢：俾斯麥海峽（Bismarck Sea）戰役[29]

俾斯麥海峽戰役在 1943 年發生在南太平洋，Imamura 將軍被指派運輸日本部隊橫跨太平洋俾斯麥海峽到新幾內亞，而美軍 Kenney 將軍則是受命轟炸這趟部隊運輸。Imamura 必須在較短的南方路線或較長的北方路線之間作選擇，而 Kenney 則必須選擇派他的機隊到哪一條路線尋找並轟炸日軍。如果 Kenney 判斷錯誤的話，他可以召回他們，但轟炸的時程將縮短許多。

4-3-1 反覆優勢的推演

本賽局的參賽者是Kenney和Imamura，且他們每人都有相同的行動集合{北方，南方}，但他們的報酬如表 4-7 的零合賽局：Imamura 損失的正是 Kenney 得到的。

嚴格地說，沒有一方參賽者擁有優勢策略。如果 Imamura 認為 Kenney 會選擇南方，則他會選擇北方；如果 Imamura 認為 Kenney 會選擇北方。如果 Kenney 認為 Imamura 會選擇北方，則他會選擇北方，如果 Kenney 認為 Imamura 會選擇南方則他會選擇南方。我們利用弱優勢的概念，找到可能合理的均衡。

反覆優勢均衡（*iterated dominance equilibrium*）推導，是藉由從其中一方參賽者的策略集合中剔除弱劣勢策略，而找到的較佳的策略行動；再次計算出剩餘的策略哪些是屬於弱劣勢，再剔除它們，持續這樣的步驟直到每位參賽者都只留下一個單一策略為止。

若對參賽者 i 存在某個可能較好或不會更差的其他行動策略 s_i''，在某個策略組合中得到更高或不會得到更低的報酬，此一行動策略 s_i 稱為**弱劣勢**（**weakly dominated**）。在數學上，s_i 是弱劣勢，若存在 s_i'' 而符合：

$$\pi_i\left(s_i'', s_{-i}\right) \geq \pi_i\left(s_i', s_{-i}\right) \forall s_{-i} \ 且$$

$$\pi_i\left(s_i'', s_{-i}\right) \succ \pi_i\left(s_i', s_{-i}\right) 對某個 s_{-i} \tag{4.3}$$

---

[29] 本節主要取財自 Rasmusen 著「賽局理論與經濟訊息」。

對 Imamura 而言，選擇南方路線策略是弱劣勢策略，因為他從北方策略得到的報酬從不會差於他選擇南方路線策略得到的報酬，而且假若 Kenney 選擇南方路線，情況會更好。然而，對 Kenney 而言，沒有任何一個行動策略是屬於弱劣勢的。所以我們必須更進一步運用反覆優勢均衡精神進行推導。

「弱劣勢策略均衡」概念推導下，Kenney 推測 Imamura 將會選擇北方，因為選擇南方路線屬於弱劣勢，所以 Kenney 把「Imamura 選擇南方」剔除在考慮之外。已經剔除表 4-7 中南方的一欄，Kenney 有強優勢策略：選擇北方路線，此一策略所達到的報酬將絕對大於南方。策略組合（北方，北方）是反覆優勢推導下的納許均衡，事實上，（北方，北方）正是 1943 年的真實結果。

表 4-7　俾斯麥海峽戰役

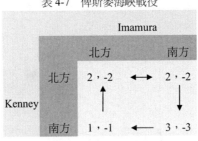

（Kenney ，Imamura）的報酬

如果考慮出招順序或訊息結構將是有趣的。假若 Kenney 先行動，而不是與 Imamura 同時進行，（北方，北方）仍是均衡，但（北方，南方）也可能是均衡。假若 Imamura 先行動，（北方，北方）將是唯一的均衡。

4-3-2　反覆優勢之不存在

反覆優勢不一定存在，如表 4-8 報酬方格所示，各方格報酬間陷入互相凌越（domain）的情況，循環不已，納許均衡並不存在。此時 Kenney 與 Imamura 雙方無法理性判斷，只能以直覺（靠著感覺）決定了。

表 4-8 修改過的俾斯麥海峽戰役

（Kenney ，Imamura）的報酬

4-4 沒有優勢策略均衡

另外模型設立者也有兩難：並沒有優勢策略均衡，而存在一個可能的弱優勢策略均衡（*weakly dominant strategy equilibrium*），以表 4-9 囚犯的兩難模型說明。

在原先的囚犯困境賽局中，（認罪，認罪）是一個反覆優勢均衡，而且它也是一個強勢的 Nash 均衡。然而在表 4-9 中，有一個 Nash 均衡在存在模型中：（不認罪，不認罪），這是一個弱勢的 Nash 均衡。這個均衡是弱勢的，而其他 Nash 均衡則是強勢的，雖然（不認罪，不認罪）具有 Pareto 優勢（Pareto-superior）的優點：（0，0）一律優於（-8，-8）。這使得預測將採取哪個行動成爲困難的：「顫抖的手」可能導致均衡偏離。

同樣的道理，如果認罪的罪則很大，如：唯一死刑，則雙方爲了避免掉入此一極大的負報酬，也會產生「死不認罪」的情形，如表 4-10 所示。爲什麼許多先進國家廢除死刑乃在於避免此一「死不認罪」賽局。

「模型設立者的困境」爲模型設立描繪出一個共同的難處：當存在兩個 Nash 均衡時，如何去正確預測均衡狀態？模型設立者可能增加更多賽局的規則細節，或可能用一個均衡精鍊過程（equilibrium refinement），對基本均衡概念加入某些條件，直到唯一一個策略組合滿足改善過的均衡概念爲止，但沒有單

一標準去精鍊 Nash 均衡。

　　模型設立者可能堅持一個強勢均衡，或排除弱勢均衡，或用反覆優勢，所有這些手段導致（認罪，認罪）爲囚犯困境的解；或者可能排除與其它 Nash 均衡相較而言是 Pareto 劣勢的（Pareto-dominated）Nash 均衡，而得到（不認罪，不認罪）。

表 4-9　模型設立者的兩難

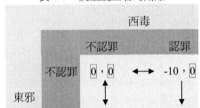

（東邪，西毒）的報酬

表 4-10　死不認罪賽局

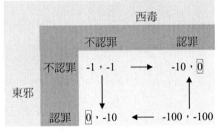

（東邪，西毒）的報酬

4-5 兩性的戰爭：先行者的優勢

我們用「兩性的戰爭賽局」來說明何謂「先行者優勢」Nash 均衡。在結婚前，想要去看職業棒球比賽的丸子爹和想要觀賞貓劇的丸子媽間有點衝突。雖然自私，但他們陷入熱戀，必要時，他們可以犧牲自己的偏好只為與對方在一起。一點也不羅曼蒂克地，他們的報酬被列在表 4-11。

兩性的戰爭沒有一個反覆優勢策略均衡，它有兩個 Nash 均衡，一個策略組合是（職業棒球，職業棒球），給定丸子爹選擇職業棒球，丸子媽也會作如此選擇；給定丸子媽選擇貓劇，丸子爹也會作如此選擇。同樣的推理，策略組合（貓劇，貓劇）是另一個 Nash 均衡。

參賽者如何知道要選擇哪個 Nash 均衡？觀看職業棒球賽和看貓劇都是 Nash 策略，但是不同的均衡。Nash 均衡假設正確且一致的信念，如果他們不能事前談論，丸子爹可能去看貓劇，而丸子媽可能去看職棒賽，雙方都錯估對方的想法。但即使參賽者沒有溝通，Nash 均衡有時藉由賽局的重複性而獲得改善。如果這對戀人沒有徹底談論，但每個月都要重複上演的賽局，我們可以假設最終他們會停留在其中一個 Nash 均衡點上。

表 4-11　兩性的戰爭

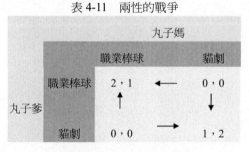

（丸子爹，丸子媽）的報酬

在兩性戰爭中每個 Nash 均衡都是 Pareto 有效的（Pareto-efficient）；沒有其他策略組合能在不減少另一方的報酬下，能增加一方的報酬。在許多賽局中，Nash 均衡不是 Pareto 有效的：例如，（認罪，認罪）是囚犯兩難的唯一 Nash 均衡，儘管它的（-8，-8）報酬與由（不認罪，不認罪）得到的（-1，-1）相較，是 Pareto 無效的（Pareto-inferior）。

在兩性戰爭中誰先行動是很重要的，如果丸子爹想預購職棒賽門票，他的承諾將包括丸子媽將去看職業棒球賽。在許多但非全部的賽局中，首先行動的參賽者（等於承諾）有先行動者優勢（first-mover advantage）。不管是你決定將就了對方，還是要對方將就你的決定。

兩性戰爭有許多經濟的應用。其一是一個企業間標準的選擇。當兩個企業有不同的偏好，但都希望有共同的標準以鼓勵消費者去買產品。如 PC 業硬體皆強調與 IBM 系統或 Intel 相容；軟體則與 Windows 相容。

4-6 馬上的兩岸賽局[30]

馬英九當選總統後，兩岸關係解凍重啟契機。從賽局角度來看，多年來的兩岸關係恰如「囚犯困境（Prisoner's Dilemma）」，兩邊都想贏，加上又有拋棄不了的立場，相互猜疑或試探，結果就是僵在那裡：既不想兵戎相見，又不願熱臉貼冷屁股。（請見表 4-12）

兩岸這個「結」解不開，雙方都討不了便宜，中國一方害怕成為民族罪人，台灣一方耽心成為賣台罪人，糾纏不已。結果雙方都成為主權意識與歷史洪流的囚犯，陷入難以解脫的困境之中。

兩岸的「塞」局能能獲得解決方案嗎？2007 年來台訪問的 2006 年諾貝爾經濟學獎得主、賽局高手，謝林（Thomas Schelling）認為，台灣應該高度開放：兩岸的互動愈多，中國對台灣的依賴愈深，台灣的危機就愈少。

---

[30]　背景資料來源取材自：「發呆亭」部落格，http://blog.udn.com/stephenC，2008/04/14。

另一位 2007 年諾貝爾經濟學獎得主馬斯金（Rric S. Maskin），以機制設計（Machanism Design）理論著稱。這套理論似乎又為兩岸融冰開啟了另一扇窗。機制設計是一種特殊的不完全訊息賽局，其意在於透過「訊息揭露」與「激勵相容」的設計，使賽局參賽者的期望效用極大化。

兩岸賽局的囚犯困境，很重要的關鍵是長久以來，雙方互不信任、陷於猜忌，於是有了大陸的文攻武嚇、有了台灣的戒急用忍。加強交流溝通、逐步建立互信，是取得合作賽局解的必經之途。若能設計更周延的機制，提供雙方足夠的合作空間與和解誘因，也許正是兩岸跳脫囚犯困境的關鍵一步。

在歷史的大洪流中，十年不算短，百年不算長。歷史分分合合本是常態，果真能走向和解的契機，兩岸幾十年來的糾葛可能從「相逢一笑泯恩仇」開始。

表 4-12　兩岸間的囚犯困境賽局

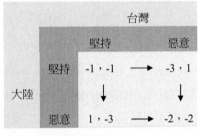

（大陸，台灣）的報酬

4-7　G20 的囚犯困境

歷經 2008 年起動的全球金融風暴，2009/4/3 在倫敦召開全球 G20 領袖高峰會，目的在同心協力挽救全球金融體系與經濟衰退。然而，在各國救經濟的聲浪與方法紛紛上台中，世界貿易額正在經歷 25 年以來的首次下降，原因是保護主義壓力的上升和貿易信貸的縮減使市場需求形勢進一步惡化。

G20 領導人重申在 2008 年 11 月份華盛頓峰會上所做出的承諾，即不設置任何新的投資或貿易壁壘，不採取任何新的出口限制措施，不實行任何違反世貿組織規則的出口刺激措施，同時也將迅速糾正任何此類措施。與會領導人還表示把這一承諾延長至 2010 年。在共同聲明中說：各國將採取一切必要的步驟促進貿易和投資，同時承諾在今後兩年通過出口信貸、投資機構和多邊發展銀行提供至少 2500 億美元的貿易融資支持。

　　然而，各國領袖回到國內就需面臨國內高失業率與經濟衰退之壓力，拯救國內產業必然優先於國濟經濟互助。在自利行為下，各國如同落入囚犯困境中，高漲的貿易壁壘勢必摧毀 G20 的紙上合作協議。

■　如果哪一個國家願意開放貿易障礙，我方仍以保護國內經濟為主軸阻擾對外開放，情況將對我國是最好的，可以藉他國市場刺激我方出口，提高國民生產毛額，報酬為（5，-10）。

■　如果我國願意開放貿易障礙，他國以各種理由或技術障礙阻擾對外開放，結果是刺激了他國出口，提高了他國國民生產毛額，我國卻因為他國的貿易壁壘而受害，報酬為（-10，5）。

■　如果所有國家願意開放貿易（但注意 G20 並沒有包括所有國家），全體一心對外開放，結果是相互刺激了參與國出口，提高了參與國國民生產毛額，體現出合則兩利的精神，報酬為（3，3），這當然是最理想的結果。

■　但如果各國各懷鬼胎，對外都說願意開放貿易障礙，實質上卻以各種理由或技術障礙阻擾對外開放，結果是刺激不了出口，各國經濟繼續衰退，國民生產毛額繼探底，各國因為自私的貿易壁壘而受害，報酬為（-5，-5）。1930 年代大蕭條期間的保護主義，帶來嚴重後果便是殷鑑。

　　其實各國都知道挽救全球金融體系與經濟衰退必須各國同心，降低貿易壁壘。問題是誰願意率先開放？大國當然先發言，中國國家主席胡錦濤發言反對

保護主義，警告任何國家都不應以刺激經濟爲名，實施保護主義。而弱小國家更怕幫人賺錢還要替人數錢，例如東南亞國家協會趁機對全球積極發聲，以亞洲金融風暴的經驗提高對全球事務的參與度，並藉此要求西方國家不要設下貿易壁壘。

表 4-13　G20 的囚犯困境賽局

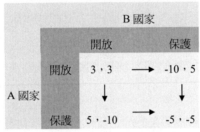

（A 國家，B 國家）的報酬

　　其實問題的關鍵是：各國政府都積極在救『國內經濟』，而非『國際經濟』。因爲不管是哪一國的政治領袖，他面對的絕對是國內的民眾（選票）壓力，因此如何刺激國內經濟，減緩衰退成爲各國領袖最真實的共識。公報堂而皇之，私心卻隱隱做祟。G20 開使了一場『全球貿易的囚犯困境』。大家都知道要在貓咪頭上掛上鈴鐺，也簽下公報呼籲萬眾同心一同解決問題，但是誰去掛？

5 協調賽局（Coordination Games）

> 「談判雙方都明白，自己的一舉一動都將對對方產生影響，從而試圖透過各種具體行為，來達到自己預期的目標。」　——《衝突的策略》／湯瑪斯·謝林

在「囚犯困境」賽局中，參賽雙方可能合作，也可能不合作，但真實世界的常態是既競爭又需合作，個人若總以自我利益為出發點，最後結局可能是「雙贏」或「雙輸」。傳統的戰爭屬於一種你死我活的「零合遊戲」（Zero-sum Game，或稱 Win-lose Game），而現代商場競爭本質卻應盡量追求「雙贏」（Win-win Game）為主要目的，靠單打獨鬥很難取得勝利。

商業競爭經常同時兼具兩種賽局的特性，在創造雙贏的賽局中，思考如何改變賽局進行的方式，可能要比打倒對方還要來的重要。例如，當市場處於供過於求的情況，彼此以降價進行流血競爭，最後必然沒有真正的贏家。（百貨公司同時間舉辦周年慶）如果能思考如何改變市場環境與競爭規則，使所有有實力的競爭者，都能獲得合理的市場佔有率與生存與利潤空間，這就是一種雙贏的策略思考。（中油與台塑石油；吉利與舒適牌刮鬍刀；可口可樂與百事可樂）

合作有衝突賽局與不合作有衝突賽局在某些情況下可透過機制達成對雙方有利、沒有衝突的結局。目前賽局理論一般對追求雙贏的策略，稱之為『競合理論』（Co-opetition），但事實上，這『競合理論』似乎也脫離不了「對立統一」的「矛盾法則」雙向的哲學內涵，即「對立中統一與統一中分裂」法則。但其基本作法包括「異中求同」、「同中求異」。其基本原則是：

■ 當必須依賴對手合作產生價值時，形式上就受制於人，因此要盡力讓對手瞭解相互依賴的重要性，才能顯現在賽局中的價值與地位。因此要評估尋

求對手可以帶來多少價值的合作機會？應該避免直接與其衝突與對抗會減少賽局整體價值（懦夫賽局，第 6 章），甚至於互相消耗實力中（消耗賽局，第 7 章），或落入「囚犯困境」中（第 4 章）。（協調賽局，第 5 章）

■ 我弱敵強情況，不要向重大利害關係對象進行直接對抗，甚至必須示弱，與之合作利益可能大於對抗的利益。產生對抗性賽局只會帶來雙輸，因此要能避戰而不畏戰。（智豬賽局，第 8 章）

■ 當必須依賴對手合作產生價值時，形式上一方明顯受制於一方，但我方報酬仍需對方配合，須培養對手相互依賴的互信機制，才能在賽局中互信互利。（福利賽局，第 9 章）

■ 如果強勢對手進攻，而我方明顯強過對手，必須事先能提出足以嚇阻的明顯事證，才能不戰而退敵。（嚇阻賽局，第 11 章；第 13~14 章；第 17 章）。

■ 在近乎完全競爭市場，敵我力量皆不足以影響賽局，應以整體市場趨勢做考量，勿輕舉妄動。（品質賽局，第 16 章）

■ 能避戰是智者，不畏戰是強者，好戰是愚者，以戰求和是勇者。

5-1 Asus 和 Quanta 的協調賽局

5-1-1 排序協調賽局

有時我們可用報酬的大小在 Nash 均衡間作選擇。在以下的的賽局，參賽者 Asus 和 Quanta 正試圖決定，所賣的 PDA 要設計為使用 Windows 系統或 Palm 系統，參賽者雙方都希望若他們的系統能相容，將可賣更多的 PDA。報酬列在表 5-1。

表 5-1　排序協調賽局方格

（Asus，Quanta）的報酬

策略組合（Windows 系統，Windows 系統）和（Palm 系統，Palm 系統）都是 Nash 均衡，但（Windows 系統，Windows 系統）Pareto 優勢於（Palm 系統，Palm 系統）。兩位參賽者都喜歡（Windows 系統，Windows 系統），且大多數模型設立者會用 Pareto 有效均衡去預測實際的結果。我們可以想像它來自 Asus 和 Quanta 賽前的溝通，而這發生在模型的詳述之外，但有趣的問題是，若不可能溝通會發生什麼情況？

排序協調（ranked coordination）是賽局中重要的課題之一，協調賽局有一個共同的特徵，就是參賽者可以在多個 Nash 均衡間作協調、選擇。排序協調另一個特徵就是均衡解能被 Pareto 排列。這與傳統經濟學的 Pareto 有效均衡不同，因為在賽局中，這實際上是個心理重於經濟層面的問題。

5-1-2　危險協調賽局

在 Harsanyi 和 Selten 1988 年所出的書中，危險協調的賽局是主要的重點。即使危險協調中的一個 Nash 均衡是一個致命的打擊都值得討論。[31]

---

[31] Harsanyi, J. C. and R. Selten, 1988, *A General Theory of Equilibrium Selection in Games*. Cambridge, MA: The MIT Press.

危險的協調（dangerous coordination）和排序協調有相同的均衡，但非均衡的報酬則不同。表 5-2 表現出與表 5-1 不同結局的協調賽局，即使（Windows系統，Windows 系統）仍是 Nash 均衡，弱式 Pareto 均衡（Palm 系統，Palm 系統）則是最終被選出來的結果。理由在於，若 Asus 認為 Quanta 將選擇 Windows系統，Asus 本身將十分願意選擇 Windows 系統。但問題是，若模型的假設報酬真實性高，那麼 Asus 將不太願意選擇 Windows 系統，因為若 Quanta 選擇Palm 系統，他的報酬將落入-1000。Asus 寧可打安全牌，選擇 Palm 系統期望Nash 均衡報酬為 1，且確定報酬最糟為-1。

在現實問題中，人們確實會犯錯，且有著差距如此之大，我們要注意即使是極小可能的錯誤可能也是很重要的，所以**賽局參賽者應極力避免落入對方「顫抖的手」陷阱中，不管對方顫抖的手是否有意，還是無意。**

表 5-2　　Asus 與 Quanta 的危險協調賽局方格

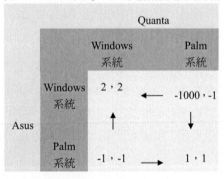

（Asus，Quanta）的報酬

5-1-3 台灣高鐵的不對等條約[32]

1988/7/23 交通部與台灣高速鐵路股份有限公司簽訂「興建營運合約」及「站

---

[32] 本節取材自中國時報報導 1998/7/8、1999/2/5、1999/4/16、2000/2/3；以及王政準，2007，「孫子兵法在台灣高速鐵路 BOT 案之實證研究：賽局理論之應用」。國立屏東科技大學企管系碩士論文。

區開發合約」。

　　台灣高鐵公司委託台灣銀行、中國國際商業銀行及交通銀行三家高鐵聯貸主辦銀行的融資談判，四個多月來仍未有顯著進展，主要原因就是銀行團對於總工程經費高達 3259 億元的高鐵興建工程信心不足。在國內首度援用沒有擔保品的計畫性融資，債權無法獲得充分確保的情況下，銀行團要求政府必須提供充分的保證，融資合約由高鐵局、銀行團及台灣高鐵公司三方共同協議簽署，等於政府為高鐵背書簽字。

　　當時的財政部長說，高速鐵路是政府積極推動的重大交通建設，財政部為配合交通部促成高鐵案的完成，已經就高鐵公司要求的財務、融資協助事項，在法令允許範圍內儘量配合，同時持續關心主辦高鐵融資的交通銀行、中國商銀和台灣銀行對高鐵融資案的進度。

　　台灣有史以來最大一宗融資案 2000 年 2 月 2 日正式簽署。台灣高鐵公司與二十五家聯貸銀行、交通部舉行聯合授信契約、融資機構契約及三方契約簽約典禮，確定 2233 億元融資計畫。高鐵建設資金可望在資金無虞的狀況下，於下半年全面動工。

表 5-3　台灣高鐵與政府的賽局方格

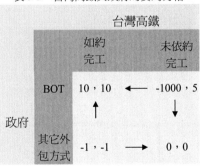

5-2 台灣航空業的協調賽局[33]

台灣航空客運票價，早期為避免惡性競爭，影響飛安，民航局明訂採嚴格的單一費率管制。經過多次的檢討與調整後採取「上下限價格管制」方式，由航空公司提供各航線經營成本資料，交通部核定票價上下限，航空公司各航線票價須報請民航局核備。

2005 年 6 月 1 日民航局公布新票價，以北高航線為例，遠東、華信、立榮、復興等票價不同，最低 2020 元，最高單程 2124 元，高低票價有 106 元的價差。雖然標榜國內航線已實施「票價自由化」，各航空公司依不同市場區隔訂有不同售價，最低可享有全額票價 5 折之優惠折扣，惟最近一次票價調整，最高票價 2200 元，最低 2110 元，價差反而縮小為 90 元，依最近兩次票價調整均不見明顯的「票價自由化」。

除民航局及交通部這隻看得見的手對航空公司訂價有所約束外，亦可看出各航空公司間隱性勾結與事前的協調溝通。

以北高航線票價最高的立榮航空及最低復興航空為例，策略組合(不調漲、不調漲)及(調漲、調漲)都是 Nash 均衡解，惟(調漲、調漲)獲利高於(不調漲、不調漲)。這就是為何在每次機票喊漲聲中，沒意外的，各家航空公司均會以相近的幅度同步調漲，一起獲利。

表 5-4 台灣航空業的賽局方格

		立榮航空	
		不調漲	調漲
復興航空	不調漲	(2，2)	(2，-1)
	調漲	(-1，2)	(3，3)

---

[33] 本個案取材自國立屏東科技大學討論稿 GT0701「以台灣航空票價為例之協調賽局」。

* 5-3　人壽保險與產物保險公司的協調賽局[34]

5-3-1　背景分析

在團體保險的市場開發案例中，有一股非常吸引人且對於保險公司的廣告效果及市場擴張擁有極佳效益的承攬對象，那就是連鎖店。對於團體保險，最讓保險公司業務員心動的地方就是能讓她們擁有更多個人保險開發的市場，以及得到更多擴展業務機會的跳板，而最重要的是它那傳染性的莫大效益。看似各家獨立的商號，但在連鎖加盟店的環扣下，資訊卻是彼此互通交流的，因此此一市場是產物保險及人壽保險公司極欲爭取的廣大市場之一。而 C 冷飲站連鎖店，現今熱門的茶飲連鎖店之一，當然也是團保市場必爭對象。

K 人壽保險股份有限公司之業務同仁有鑑於了解市場開發之重要性，當 2005 年元月 K 人壽保險公司針對營業性質一至三類之公司行號以專案套餐及優惠條件方式的商品行銷的同時，業務人員即以快速及積極的方式展開其市場的開發戰爭，但當然產物保險及壽險同業也不可能白白將市場予以棄之，故其激烈可想而之。但在眾多的商品及費率的競價上我們可以發現一件事，真正的對手只有產物保險公司而已，其餘費率實為偏高，不足為懼。

其實對任何談判議價場合來說，所有雇主想的幾乎都一樣，那就是如何以最低價錢、最優惠內容讓自己員工享有最佳的團體保險福利，而在保險公司的業務員來說，卻是如何在這麼棒的團保市場裡確實贏得完美的勝利，在產物保險激烈競爭及市場拓展的雙重考量下，獲得長久的合作及人脈成長。於是 K 人壽保險公司同仁開始規劃如何可以降低競爭且獲得市場開發及完全優勢，當時產壽險策略聯盟早已成形，相互合作情況也司空見慣，故與 U 產物保險公司以合作推展團體保險市場的方式即開始展開，而為了讓其他產物保險公司無法介入比價，乃搭配人壽保險公司獨有的一年期定期壽險內容，以此組合及優惠低價專案價格，讓獨立作業的任一家保險公司無法競爭。

---

[34] 本節取材自：賴偉正，2008，「孫子兵法在團體保險談判上之實證研究：賽局理論之應用」。國立屏東科技大學企管系碩士論文。

5-3-2 基本假設

1.參賽者：一方爲 K 人壽保險公司，另一方爲 U 產物保險公司。

2.資訊狀況

(1)完全：雙方都了解彼此在市場狀況，所有資訊爲共同資訊，雙方的策略及可得報酬皆是明確地，皆是擁有訊息者，因此賽局中具有訊息完全的特質。

(2)確定：雙方決定策略應用後，對於在不同階段下的可能策略組合及事後報酬即可明確，不再改變，故有確定的特質。

(3)對稱：雙方對於競價方式、理賠經驗均完全知曉，對該連鎖店的市場也都知悉，彼此有相同訊息存在，故訊息乃對稱情況。

5-3-3 賽局說明

1.若K人壽保險公司及U產物保險公司還是以自行推展行銷方式進行，假設其獲利各爲Π及Ω。

2.若K人壽保險公司以與其他產物險公司或同業合作策略行銷競爭拓展市場，而U產物保險公司仍維持原策略不與他人合作，則因爲K人壽保險公司間的聯盟合作，則會從市場中拉攬更多承保對象及利潤，使其獲益提升c，且因此策略的進行可從U產物保險公司搶奪更多利潤及客源報酬δ。

3.U產物保險公司願意與其他同業合作共同開發競爭，而K人壽保險公司卻堅持獨行策略，則會因爲獨立作業不管在費率還是市場服務遠不及人，而U產物保險公司也同時會從市場中得到更多廠商及利潤，使其獲益提升k，且因此策略可讓它從K人壽保險公司搶奪更多利潤及客源報酬γ。

4.若K人壽保險公司及U產物保險公司彼此合作進行與其他同業競價，則因爲彼此互相提升，組合超優惠，報酬分別拉高至Π+c+δ-γ及另一方爲Ω+k+γ-δ。

5-3-4 賽局推演

表5-5 K人壽保險公司及U產物保險公司協調賽局方格

(K人壽,U產物) 報酬		U產物	
		合作	不合作
K人壽	合作	$(\Pi+c+\delta-\gamma, \Omega+k+\gamma-\delta)$	$(\Pi+c+\delta, \Omega-\delta)$
	不合作	$(\Pi-\gamma, \Omega+k+\gamma)$	(Π, Ω)

1.對K人壽保險公司來說，不管U產物保險公司採合作或不合作方式，由於 $\Pi+c+\delta-\gamma > \Pi-\gamma$ 且 $\Pi+c+\delta > \Pi$，故K人壽保險公司的最有利策略會是選擇以合作出擊。

2.對U產物保險公司來說，不論K人壽保險公司採合作或不合作策略，基於 $\Omega+k+\gamma-\delta > \Omega-\delta$ 且 $\Omega+k+\gamma > \Omega$，故U產物保險公司的最佳策略也是以合作進行。

由上述結論我們可以推論得知，最適均衡解即不管是U產物保險公司還是K人壽保險公司，為求市場之拓展，最後都會以合作方式共同對抗並分享共同市場，以維持雙方都有利位置。

6. 懦夫賽局

「懦夫賽局」是一種極具風險的競爭賽局，應極力避免
的。但是一旦捲入其中，惟一的指望就是按規則進行賽
局。

在懦夫（chicken，鬥雞、弱雞、對撞或膽小鬼賽局）賽局，參賽者是兩位
飆哥：東邪和西毒。東邪駕駛一輛跑車由東往西路線的途中，西毒則由西往東
開。當有碰撞的威脅時，二位決定是否在途中繼續往前衝撞或轉向路邊。若其
中一位參賽者是唯一一位轉向的，他會覺得丟臉；但如果沒有轉向，他們兩人
都將對撞而死，這樣的報酬甚至更低：生命歸零。若其中一位參賽者是唯一一
位繼續往前衝的，他將被視為英雄，榮耀加身。假但若雙方都轉向，他們都將
感到蒙羞（我們假設轉向意味著依慣例轉向右邊；若一位轉向左邊，另一位轉
向右邊，結果兩位將是對撞而死）。表 6-1 訂出這四種結果的效用值。

表 6-1 懦夫賽局

（東邪，西毒）的報酬

懦夫賽局是一個對稱賽局，在最後一刻到底決定對撞還是閃開？關鍵決策
點在於：每一位參賽者將選擇相同極大的機率。西毒（東邪）的每個單純策略
報酬必須等於混合策略均衡進行求解，稱為報酬相等法（*Payoff-equating
Method*），下列等式會是成立的：

$$\pi_{\text{西毒}}(\text{轉向}) = (\theta_{\text{東邪}}) \bullet (0) + (1 - \theta_{\text{東邪}}) \ (1)$$

$$= (\theta_{\text{東邪}}) \bullet (-3) + (1 - \theta_{\text{東邪}}) \bullet (2)$$

$$= \pi_{\text{西毒}}(\text{硬幹}) \hspace{3cm} (6.1)$$

由等式（6.1）我們可以得到 $1 - \theta_{\text{東邪}} = 2 - 5\theta_{\text{東邪}}$，在報酬相等法下，求得 $\theta_{\text{東邪}}$ ＝0.25。在對稱均衡中，參賽者雙方選擇相同的機率，所以我們能皆以 θ 取代 $\theta_{\text{東邪}}$。對於他們的母親最大的利益問題，是這兩位青少年將會有 $1-(\theta \cdot \theta) = 0.9375$ 的機率存活。

真實故事在澳洲上演，一名只穿了內褲的十八歲男子在高速公路上玩「膽量遊戲」閒溜，結果被另一輛比他大膽的休旅車駕駛撞成重傷。「膽量」遊戲在英文裡面叫「play chicken」，也就是看誰膽小的意思。這種遊戲通常在公路上玩，早期港片古惑仔電影畫面很多這種遊戲。玩的時候故意和對方來車迎面相對行駛，看誰膽小先變換了車道，誰就輸了。這名澳洲男子並沒有開車，只是穿了條內褲在高速公路上逆向逛街。一輛休旅車開過來，看到內褲男減速行駛，但並沒有變換車道，迎面撞上了這名內褲男，而把他撞進了醫院。

6-1 古巴危機的懦夫賽局

懦夫賽局在理論上是指兩隻公雞面對面爭鬥，繼續鬥下去，兩敗俱傷，一方退卻便意味著認輸。但在實際賽局策略中，一方暫時的撤退，表面上是自己吃了小虧，讓對手占了便宜。但這種一進一退總比雙方都不退讓，鬥得頭破血流的結果要好得多。

古巴危機時，甘迺迪以拉高對立局勢到戰爭邊緣，讓蘇聯認真思考嚴重的後果而最後屈服，撤除部署在古巴的飛彈。如果美蘇啟動戰爭，將是人類全體的災難，報酬為（-100, -100）；假若蘇聯節節進逼，美國認輸，其損傷-15 會大過蘇聯的報酬；假若主客異位，美國掌握優勢，蘇聯退兵，其損傷-10 會大過

美國的報酬 5；如果雙方都很理性地解決此一危機，結果就是平靜地回到原點（0, 0）。

表 6-2 古巴危機的懦夫賽局

		美國	
		衝突 θ	不衝突（1-θ）
蘇聯	衝突 θ	-100，-100 ⟶	10，-15
	不衝突（1-θ）	-10，5 ⟵	0，0

對美國來說，

$$\Pi_A^{1-\theta} = \theta_R(-15) + (1-\theta_R)(0)$$
$$= \theta_R(-100) + (1-\theta_R)(5) = \Pi_A^{\theta}$$
$$90\theta_R = 5, \quad \theta_R = \frac{5}{90}$$

對蘇聯來說，

$$\Pi_R^{\theta} = \theta_A(-100) + (1-\theta_A)(10)$$
$$= \theta_A(-10) + (1-\theta_A)(0) = \Pi_R^{1-\theta}$$
$$\theta_A = \frac{1}{10}$$

　　對於蘇聯而言，在此場懦夫賽局中有 5/90 的機率會展開攻擊；相對的，對於美國而言，在此場懦夫賽局中有 1/10 的機率會展開攻擊。表面上有兩個 Nash 均衡：（「衝突-不衝突」/「不衝突-衝突」），但美國總統甘乃迪的政策是在此一不太可能產生的毀滅性戰爭中讓對手知難而退，因此將對手認清「衝突-衝突」的嚴重後果，降低雙方擦槍走火（顫抖的手）的可能，最後雙方都很理性地解決此一危機，回到和平的原點。

甘乃迪此一策略能否成功,關鍵在於要有決心讓對方相信,我方已經『把方向盤綁死』:下定決心讓對方讓開。

6-2 百貨稱霸 SOGO 與新光三越之爭

在賽局對奕中,一般假設參與者具有理性的特徵,即總是尋求自身利益最大化,選擇能使利益最大化的策略。而現實中,也存在著另一種情況,也就是參與者除了考慮自己的所得之外,也很關心對方的所得,比較相互間的差異,採取使「相對」所得最大化的策略。

台灣百貨業霸主一向由新光三越與 SOGO 百貨互爭,不管到哪裡,有兩家百貨公司同時設立的地方必為當地百貨業必爭的戰場。但經過多年的競爭後兩家百貨公司已經慢慢培養出默契,亦即與其兩虎相爭,不如良性共生。因此,我們可以看到兩家百貨公司週年慶會選擇不同時間舉辦,,以避免產生對撞的結果。

表 6-3 百貨業的懦夫賽局

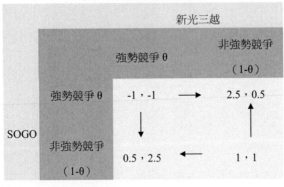

$$\Pi_S^{1-\theta} = \theta\,(-1) + (1-\theta\,)(2.5)$$
$$= \theta(0.5) + (1-\theta)(1) = \Pi_S^{\theta}$$
$$3\theta = 1.5, \qquad \theta = \frac{1}{2}$$

當 θ≥0.5 時，強勢競爭之報酬低於不強勢競爭。因此協調的功夫（或默契）是雙方最重要的工作，最佳的策略是雙方輪流辦特銷（如周年慶），避免雙方互相惡性競爭，兩敗俱傷。

6-3 3C 通路之儒夫賽局[35]

在這個科技日新月異的時代裡，我們變得越來越仰賴科技產品，也因此販售這些 3c 商品的通路商也因此而有不錯的獲利，而目前台灣的 3c 通路商大至上有燦坤、全國電子、順發、大同、聲寶上新聯晴、聯強等，整個展店如同進入戰國時代，以量化降經營成本的策略，展現通路價值，各家拚營收更要拚獲利。

在這當中就屬燦坤與全國電子為 3C 通路商產業中的佼佼者，然而兩家店為了不斷拓展市占率及提高獲利率，也紛紛不段拓店目前燦坤門市分佈全台達到 248 家，而全國電子已高達 292 家，兩家公司幾乎佈滿了全台各地。在兩家銷售商品屬性雷同，加上市占能力幾乎不分上下的形況之下，這兩加通路商將紛紛運用各種策略來使各自的提升獲利狀況。

「全球暖化」議題愈來愈受到各界重視，因此，今年以來，各項 3C 商品無不想與「環保、省電」搭上邊；尤其是夏季酷暑難耐，被業者拿來打頭陣的商品莫過於耗電量特別大的空調，及大型家電商品如電冰箱及洗衣機等。

例入燦坤鎖定了全球暖化的議題大做文章，希望不僅大家響應也推出了許多省電商品及環保概念商品，藉由這樣的模式來吸引消費族群。在 2007 年的時候燦坤就與飛利浦合作並為了響應 4/22 世界地球日活動，燦坤 3C 除了於 4/20~4/23 舉辦「綠的健康」會員招待會，精選省電及標有節能標章的液晶電視、冷氣、冰箱、洗衣機、除濕機、空氣清淨機、開飲機、檯燈、省電燈泡等優質綠色限量優惠商品推薦給會員，於燦坤 3C 全省 204 門市同步促銷綠色環保商品，邀請所有的會員與消費者一起來愛地球。在 2008 年燦坤的「零碳行動」首波主打商品，是與 6 大空調業者合作，聯手推廣變頻空調商品。燦坤表示，每台變頻空調 1 年可為消費者省下新台幣 1600 餘元電費、減碳 413 公斤，相當於多種 2.6 棵樹。

---

[35] 本個案取材自國立屏東科技大學討論稿 GT0803「儒夫賽局分析~以 3C 通路商為例」。

　　相較於燦坤的強力促銷手法，全國電子則是一如往常的打著溫馨鄉土牌與服務品質，希忘能以鄉村包圍城市。不管在夏天將近或是前一波的開學潮，以自己的廣告特色來引人注意。並主打「顧客核心，感動行銷」全國電子以了解台灣人民的心爲基調，用最貼近基層的感觸來做爲主打，一連串的窩心廣告不僅讓中低階層或是中低收入的人都可以有能力購買 3C 商品，除此之外也與法商銀行合作讓故可買都少就可以借多少的方案，此外還般助窮困家庭「圓夢計畫、以實際贊助來協助窮困家庭的生活」。這一系列的模式，感動許多顧客並且也幫助了許多沒有能力的人，成功刺激了較偏遠或鄉下地區的人購買的能力及慾望。

　　然而目前台灣 3C 的兩大通路商就非燦坤跟全國電子莫屬了，近乎獨占的兩家公司也爲了能夠搶下更大的市場，不斷的提出各種優惠方案，讓二家 3C 通路龍頭慢慢陷入誰都不願意當懦夫的賽局之中。以二家公司最慣用的『燦坤封館特賣』與『全國電子破盤特價』來看，雖各有斬獲，卻也落入惡性競爭之中。（如表 6-4）

表 6-4 燦坤與全國電子促銷利潤比較

	燦坤封館特賣	全國電子破盤特價
2006 年	11 月獲利 12 億(4 天) 當月營收 32.5 億	11 月 獲利 4.91 億 當月營收 10.33 億
2007 年	11 月獲利 16.5 億(4 天)	11 月獲利 3 億
2008 年	4 月獲利 16.5 億(4 天)	4 月獲利 5 億

　　在燦坤降價促銷同時，若全國電子亦採取同樣促銷方式雙方利潤分別爲（-10,-10）；若全國電子不採取跟進促銷方式雙方利潤分別爲（5,-5）。在全國電子降價促銷同時，若燦坤亦採取同樣促銷方式雙方利潤分別爲（-10,-10）；若燦坤不採取跟進促銷方式雙方利潤分別爲（-5,-3）。若套用懦夫賽局來觀察，理性均衡解產生在雙方都不願意當懦夫，卻又須避免對撞的下場。（如表 6-5）

表 6-5　　3C 通路之儒夫賽局

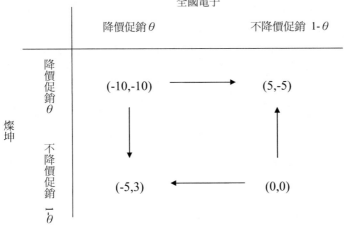

全國電子

| | 降價促銷 θ | 不降價促銷 $1-\theta$ |

燦坤 降價促銷 θ　　(-10,-10)　→　(5,-5)

燦坤 不降價促銷 $1-\theta$　　(-5,3)　←　(0,0)

(燦坤，全國) 報酬

$\pi_{燦坤}=(-10)\theta_{全國}+5(1-\theta_{全國})=(-5)\theta_{全國}$

$-10\theta-5\theta_{全國}+5=-5\theta_{全國}$

$-10\theta_{全國}+5=0$

$\theta_{全國}=0.5$

$\pi_{全國}=(-10)\theta_{燦坤}+3(1-\theta_{燦坤})=(-5)\theta_{燦坤}$

$-10\theta_{燦坤}-3\theta_{燦坤}+3=-5\theta_{燦坤}$

$12\theta_{燦坤}=3$

$\theta_{燦坤}=0.25$

　　由此推算可之全國電子會以降價促銷的機率為 0.5，而燦坤能降價促銷的機率則為 0.25 雖然相差不多，但兩家店最不可能的就是同時對同一項商品做降價促銷因為這樣只會成為價格的割喉戰，對雙方都將不利，所以雙方會選擇以不同商品做為促銷的主打而不會強碰。才使的兩家雖以削價來吸引顧客但卻依舊能有所獲利。

　　由以上推結果推論，得知最佳的均衡狀態是當燦坤對某一商品做特價時，全國電子不會對此商品做特價。而當全國電子對某一商品做特價時，則燦坤不會對此商品做特價。雙方都避免產生「對撞」的悲劇。

6-4 醫療糾紛之懦夫賽局[36]

6-4-1 背景介紹

由於消費者意識抬頭，國內醫療糾紛頻傳，抗爭規模日益擴大、激烈。究其原因，應係糾紛初始，病家在缺乏專業知識及資訊不對稱，再加上醫院依例認定有權控制全局，姿態高、迴避問題不處理的情況下，病家要與醫院協商往往不得其門而入，投訴無門，爲維護自己的利益只得採取特殊手段，因而衍生衝突。

根據衛生署統計，國內每年醫療糾紛案件有數千件，這數字代表的意義即醫病關係問題嚴重。病家在認定醫院方面必會推卸責任，掩飾過失，不願賠償的情況下，爲展示本身的立場及決心，常不惜動員包圍醫院，丟雞蛋、灑冥紙、抬棺並訴諸媒體，對醫院造成壓力；醫院方面爲避免病家獅子大開口，亦採取防衛態度，除強調醫院沒錯，不願道歉，甚或譴責病家，雙方缺乏互信，相互猜忌，形成攻防戰。醫病雙方在互動過程中，反覆表示本身的立場與決心，希望藉由自己的舉動使對方調整策略：退讓、和解。此一醫病雙方堅持底線的思維及策略的選擇，可以「懦夫賽局」模式來解釋和推測。

6-4-2 賽局分析

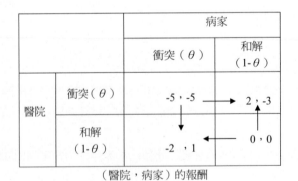

		病家	
		衝突（θ）	和解（1-θ）
醫院	衝突（θ）	-5，-5	2，-3
	和解（1-θ）	-2，1	0，0

（醫院，病家）的報酬

---

36 本個案取材自國立屏東科技大學討論稿 GT0703「醫療糾紛之懦夫賽局」。

1. 雙方採取衝突策略時，醫院面對抗爭，不僅形象受損，營運受影響，其間耗費在協商、調解，及後續訴訟、賠償的成本，不啻一筆鉅額的支出；在病家方面，不但失去健康、親人的生命，所耗費的心力、人力、時間、錢財等抗爭成本不可謂不巨，此策略是最壞的結果，故雙方報酬為（-5, -5）。

2. 醫院採取和解，病家採取抗爭時，醫院必須耗費協商、調解、訴訟、賠償的成本，但可保有形象，營運較不受影響；而病家可獲得賠償，但與其耗費成本及健康、生命相抵，雙方報酬為（-2，1）。

3. 醫院採取衝突，病家採取和解：醫院除形象受損、營運受影響，可省下協商、調解、訴訟、賠償的成本；病家自認倒楣，失去健康或生命，相抵之下，報酬為（2，-3）。

4. 雙方均採和解策略：醫院賠償但保有形象，病家失去健康或生命但獲得賠償，報酬為（0，0）

    我們可根據下列的報酬方程式，算出其選擇策略的機率：

$$\prod_p^{1-\theta} = -3\theta_h + (1-\theta_h)*0 = -5\theta_h + (1-\theta_h) = \prod_p^{\theta}$$
$$-3\theta_h = -6\theta_h + 1$$
$$3\theta_h = 1$$
$$\theta_h = \frac{1}{3}$$

醫院選擇衝突的機率為 1/3

$$\prod_h^{1-\theta} = -5\theta_p + 2(1-\theta_p) = -2\theta_p = \prod_h^{\vartheta}$$
$$-7\theta_p + 2 = -2\theta_p$$
$$5\theta_p = 2$$
$$\theta_p = \frac{2}{5}$$

病人選擇衝突的機率為 2/5

　　由上述等式可知，在現今醫病所處的條件下，病家想要獲得應有的公平待遇，藉由抗爭衝突的方式向醫院施壓，比較有可能，因此其採取衝突的機率較大。

6-4-3 管理意涵

醫病造成糾紛，起因雙方均想爭取己方之最大利益，在僵持不下時，較弱勢的病家，只好採取非理性的抗爭方式來表明自己的態度與決心，如醫院方面仍漠視問題，採取不合作的態度，則勢必面臨雙輸局面，雙方均將付出鉅額成本。因此雙方應試著妥協達成共識，尋求在利害衝突下的最適因應策略，尤其處於較優勢的醫院更應釋出善意，表達願意和解、賠償的態度，降低病家的疑慮、憤怒以及主戰的情緒，增強其和解的意願，讓醫病關係得以改善。孫子兵法云：『上兵伐謀，其次伐交，其下伐兵，其下攻城。攻城之法，為不得已也。』

7 消耗賽局

一個策略若是太具侵犯性的話，結果會招來自己設下的
厄運：率先背叛者往往要付出沉重的代價。

消耗戰賽局（*A game of war of attrition*）像是拉長時間的懦夫賽局，參賽者雙方都由繼續開始，而當第一位選擇轉向時，賽局則結束。直到賽局結束，雙方每個時期皆得到負的數額；但當一位退出時，他得到零，而另一位參賽者因較持久而得到報酬。

假設東邪和西毒在一個獨占的產業內分別控制兩家公司，產業需求只夠讓一家公司營運獲利。對這兩家公司而言，可能行動是退出或繼續經營下去。在每個期間若雙方都繼續競爭，各得-1；若一家公司退出，它的損失停止，而留下來的公司得到市場獨占利潤的價值1。

在消耗戰中，賽局可能的長度是無限。報酬由沒有選擇結束賽局的參賽者獲得，而成本是雙方都逐期支付。消耗戰的特例是先占賽局（pre-emption game），這賽局的報酬將由選擇結束賽局行動的參賽者獲得，若參賽者雙方都選擇競爭行動則須支付成本，但若沒有參賽者選擇它則成本不會發生。

抓錢賽局（**grab the dollar game**）是個典型的例子。一元被放在東邪和西毒間的桌上，每位都須決定是否要拿它，若雙方都拿，都會被罰一元。這可設定為一期的賽局、T期賽局，或無限期賽局，但當有人拿那一元時，賽局就明確地結束。表7-1列出其間報酬。

表 7-1　抓錢賽局

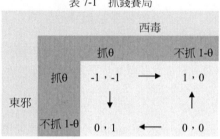

（東邪，西毒）的報酬

$$\Pi^{\theta}_{東邪} = -\theta + (1 - \theta) = 0$$
$$2\theta = 1, \qquad \theta = 0.5$$

　　抓錢賽局在單純策略時有不對稱的均衡，在混合策略時有一個對稱的均衡。無限期賽局內，對稱均衡時每一期抓錢的均衡機率皆是 0.5。

　　二個參賽者的的消耗賽局可以擴張到多參賽者的賽局，通常發生在一個獨佔性競爭的市場中。看似商機無限，卻隱含著競爭-消耗-生存-淘汰的賽局本質。

　　消耗賽局是一種典型的鬥雞賽局。處於賽局狀態的鬥雞實力相當，如果兩者同時出擊，往往是兩敗俱傷，當然，這種兩敗俱傷不是對等的。但一方想徹底戰勝對手而毛髮無損也絕不可能。所以處於鬥雞對抗的時候，一方總想自己前進，而另一方自動後退，這是一種均衡，只是一種不對等的均衡。

　　其實，雙方各讓一步，是較為理想的一種均衡。然而，雙方同時作出讓步的機會少之又少。這是因為**賽局雙方的出發點都往往是希望對方讓一步，而自己進一步，從而使自己得到好處。所以，鬥雞賽局中，雙方都不敢輕易作出讓步。**

　　自從踏入二十一世紀後，民進黨越選越斬獲越多，國民黨卻節節敗退，主要的原因便在於民進黨的選舉策略越趨靈活，2004 年總統大選更在節節進逼的「割喉戰」中勝選。

7-1　油品銷售通路的割喉戰[37]

台灣油品銷售通路商（加油站）從 1987 年 7 月開放民間經營，打破原本中油公司一家獨大的局面之後，吸引了大量的民間業者爭食這塊大餅，新的加油站在這十幾年來如雨後春筍般，林立在台灣的各個角落。在這短短的十幾年間，加油站座數成長超過了 4 倍，遠遠高於車輛與油品消耗量之成長，也因此，導致了每站之日平均銷售量逐年減少，更加劇了加油站業者間的競爭態勢。

為了爭取更好的銷售業績，加油站業者間的各種競爭策略紛紛形成，但在早期，主要仍是集中在非價格性的競爭策略上，換言之，雖然對消費者而言確實感受到服務品質的增加，但油品價格仍是由中油掌控。這樣的現象，主要是歸諸於油品事業之部份開放。

而此一觀點在台塑加入油品市場之後得到了驗證。當台塑在 2000 年 9 月開始銷售汽油等油品後，油品價格戰開始形成。也因此，經濟部也正式廢除施行多年的油價公式，全部油品售價改由市場機制決定。事實上，油品市場的價格戰在中油與台塑兩大供油業者拉開序幕後，更一路延燒到油品通路業者間。在 2002 年底全國加油站點燃國內首波「割喉式」油品降價戰火後，加油站間的價格競爭已然成為常態，而所有的消費者也在這一波波的降價風中成為最大的獲利者。

表 7-2　全國加油站與中油的消耗賽局

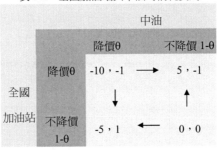

---

[37] 背景資料取材自「台綜月刊93年4月號」。

$$\Pi^{\theta}_{全國} = -10\theta_C + 5(1-\theta_C)$$
$$= -5\theta_C = \Pi^{1-\theta}_{全國}$$
$$-10\theta_C + 5 = 0, \qquad \theta_C = 0.5$$

$$\Pi^{\theta}_{CPC} = -\theta_W + 1 - \theta_W = -\theta_W = \Pi^{1-\theta}_{CPC}$$
$$\theta_W = 1$$

　　由以上推導得知，全國加油站進行常態性降價活動（θ_w=1）以爭取來客數；台灣中油則見招拆招（θ_c=0.5），不願意落入以上駟對下駟的窘局之中。

7-2　二大主題樂園的消耗賽局[38]

　　由於台灣經濟發展、國民所得提高，文化藝術與娛樂運動休閒支出占民間消費的比重不斷提高，由此可看出國人越來越注重休閒品質，再加上隔週休二日政策的實施，觀光旅遊成為國民生活的一部分，觀光旅遊事業也成為二十一世紀最具蓬勃發展潛力的服務事業之一。而需求增加的情況下，業者紛紛進入開啓了休閒產業的多元化，以遊樂園來說，於 2007 年民營遊樂業已增加至四十一家，來園的人口數 12,445,743，而類型型態也越來越多元化，綜合上述的發展休閒型態開始慢慢的產生改變，整體由旅遊轉變為度假，消費者慢慢的趨向於定點式的度假遊玩而非走走停停走馬看花式的方式。

　　然而主題式遊樂園是國人國內旅遊的一個重要指標之一，主題式越明確越能與其他的遊樂園區分，在形態上主題式遊樂園的分類甚多，其中以機械遊樂設施為最受大家的喜愛，在近年來單純機械式的遊樂設施已不能滿足消費者的需求，使得越來越多的遊樂園朝向融合機械與非機械式綜合性發展，在 1990年台灣北、中、南的個別第一品牌為六福村、九族文化村、劍湖山，統稱為台灣的「369」，以劍湖山來說剛開設立時以景觀花園為主題，現在則是以機械遊樂設施為主，並加上許多的表演活動，此外於 2002 年建設了王子大飯店，形

---

[38]　取材自國立屏東科技大學討論稿 GT0804「消耗賽局：以月眉、劍湖山為例」。

成渡假遊樂園區的型態，而北中南第一品牌的情形維持至 2002 年，異軍突起的月眉，於 2002 成為台灣第一個水陸兩玩的遊樂園，並於 2005 年時搶下了來園數最高的遊樂園為 1,480,412，在相互競爭的手段之下，劍湖山於 2006 年贏得來園數最高的遊樂園為 1,407,364，而在這兩年的競爭下的變化為何會有這樣的轉變使得劍湖山一度被搶下遊樂園龍頭的情況，此以消耗賽局來分析它們的促銷活動對他們的利潤影響以及採取何種手段獲取利潤。

　　在 2005 年時月眉為來園數最高的遊樂園，劍湖山於 2006 年為來園數最高的遊樂園，在屬性相近（水陸雙樂園）、地點相近（同位於中台灣）下，相互競爭的手段愈趨白熱化。他們互相以促銷活動為手段進行競爭獲取高來園數，已落入長期消耗賽局陷阱中，來分析它們採取促銷活動獲取高來園數的走向。

　　針對推出同樣促銷方案此賽局的動向如下：

1. （促銷，促銷），若月眉與劍湖山在同一時間所採取相同的促銷方案，則兩方的來園數會被對方所剝削。

2. （促銷，不促銷），在月眉採取促銷的時候，劍湖山採取不促銷會比與月眉採取相同促銷較好，對於劍湖山來說，消費者熟知程度較高，因此在月眉採取促銷時，對它來說雖說會有影響但起伏並不大。

3. （不促銷，促銷），相對的若劍湖山採取促銷，月眉採取不促銷會比與劍湖山採取消同促銷好，然而相對的來看劍湖山一直是處於較穩定的趨勢，因此在實行處銷策略時，影響的情形也較平均，反觀月眉的起伏較大。

4. （不促銷，不促銷），在兩方都採取促銷時，雙方皆沒有額外的獲利。

若以 2005 與 2006 為例，分析二家業者促銷消耗賽局分析如下：

(一)2005 年促銷策略

1.月眉----(促銷，不促銷)

(1)活動促銷---月眉育樂世界耗資千萬打造台灣首創童話燈會

　　月眉於 1/22~2/28 推出台灣首創台灣童話燈會，在此時劍湖山並未推出同型活動促銷方案，加上當時爲寒假旅遊旺季，因此月眉在二月份的來園數大幅增加勝於劍湖山(表 7-3A)。

表 7-3A　劍湖山與月眉的消耗賽局 2005 (1)

遊樂園名稱	來園數	
	一月	二月
劍湖山	83351	161258
月眉	43233	213932
相差(月眉勝)	-40118	52674

(2)價格促銷

　　在暑假期間，月眉的票價一般成人水陸一同價爲 890，七、八月於 16:00 後進入的星光票爲 400，相較於劍湖山於當年度暑假的一般成人票價爲 799，如同推出價格的促銷，在這相差爲一百元，但選擇可於酷熱的天氣中玩到兩種型態達到消暑又有玩機械式的遊樂園對消費者而言可達到較大的滿足，因此在七、八、九月的來園數大於劍湖山的來園數甚多(表 7-3B)，在價格促銷中，月眉在季節的變化中自然形成價格促銷，而劍湖山在此一時期並未推出此促銷方案，因此對月眉來說勝於劍湖山。

表 7-3B　劍湖山與月眉的消耗賽局 2005 (2)

遊樂園名稱	來園數		
	七月	八月	九月
劍湖山	91,082	90,849	103,747
月眉	345,927	336,403	111,222
相差(月眉勝)	254845	245554	7475

2.劍湖山---(不促銷，促銷)

(1)活動促銷---世界咖啡嘉年華

　　劍湖山於 9/30 到 11/27 舉辦世界咖啡嘉年華會，這樣的活動吸引各地朋友前來參加，在同期，月眉並未有任何促銷方案，因此在來園數增加，而月眉的來園數慢慢減少為淡季時期(表 7-3C)。

表 7-3C　劍湖山與月眉的消耗賽局 2005 (3)

遊樂園名稱	來園數	
	十月	十一月
劍湖山	134,496	128,412
月眉	73,646	57,502
相差(劍湖山勝)	60850	70910

(2)專案促銷

　　劍湖山於一月、二月施行與王子飯店一同結合的專案行程，住房加遊園價錢更加的優惠，如表 7-3D。

表 7-3D　劍湖山與月眉的消耗賽局 2005 (4)

遊樂園名稱	來園數	
	一月	二月
劍湖山	83351	161258
月眉	43233	213932
相差(月眉勝)	-40118	52674

　　在 2005 年的總體來看如圖 7-1，劍湖山的總來園數為月眉的總來園數為，由圖中可得知在暑假期間月眉以設備與價格的優勢大勝，雖說總來園數是月眉勝，但是以整體來看，劍湖山的來園數是較平均的分布，影響起伏上也較穩定，但對月眉來說有較大的差異。

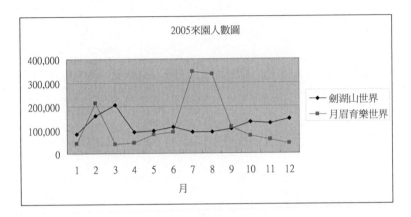

圖 7-1 劍湖山與月眉的抓錢賽局 2005

表 7-4 為在 2005 年劍湖山與月眉的消耗賽局方格。

表 7-4　劍湖山與月眉的消耗賽局方格 2005

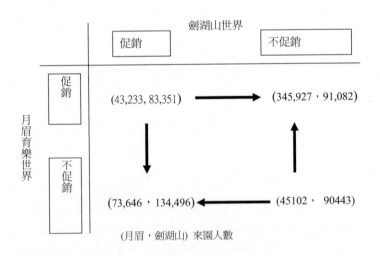

以來園數為賽局中的數字來看

1.(促銷，促銷)，在 2005 年來說，他們並未在同時期推出相同的促銷方案，所以在此的數據以 1 月時的數據為主一同有為寒假推出促銷但為不同的方案 (43233, 83351)。

2.(促銷，不促銷)，總體上，以同樣月眉實行促銷，劍湖山實行不促銷相同行銷的況狀下為(345927, 91082)，而數值顯示，在一方實行促銷上會比二方實行促銷好。

3.(不促銷，促銷)，以向上相同的情況，一方促銷一方不促銷為 (73646, 134496)。

4.(不促銷，不促銷)，這情況為了方都不促銷的來園數為(45102, 90443)

　　得知在 2005 年，雙方不能同時實行相同促銷，而分開實行時，對實行促銷活動的一方最有利。是典型的抓錢賽局。

（二）2006 促銷策略

1.月眉----(促銷，不促銷)

(1)活動促銷---「探索樂園、巧克力夢工廠」

　　在 1/14~2/28 為期一個半月的活動促銷，在同期來說，劍湖山未推出此類的促銷活動，對當期的月眉來說，明顯的比上一月有增加來園的人數如表 7-5A。

表 7-5A　劍湖山與月眉的消耗賽局 2006 (1)

遊樂園名稱	來園數	
	一月	二月
月眉	66,281	121,000

(2)價格促銷

在暑假期間，月眉以馬拉灣設備及水陸同行票價形成促銷方案表 7-5B。

表 7-5B　劍湖山與月眉的消耗賽局 2006 (2)

遊樂園名稱	來園數	
	七月	八月
劍湖山	100,597	156,956
月眉	174,155	253,892
相差(月眉勝)	73558	96936

2.劍湖山---(不促銷，促銷)

（1）專案促銷---與王子大飯店一同推出專案價格促銷

在一月與二月份時推出住宿加主題樂園門票的價格優惠，吸引消費者前來，在此時月眉並未有相同的促銷方案，因此在劍湖山來說這個促銷有增加來園的人數如表 7-5C。

表 7-5C　劍湖山與月眉的消耗賽局 2006 (3)

遊樂園名稱	來園數	
	一月	二月
劍湖山	106,804	146,605

（2）活動促銷---世界咖啡嘉年華

劍湖山於 10/27 到 12/10 舉辦世界咖啡嘉年華會，這樣的活動吸引各地朋友前來參加，在同期，月眉並未有任何促銷方案，因此在來園數增加，而月眉的來園數慢慢減少為淡季時期(表 7-5D)。

表 7-5D　劍湖山與月眉的消耗賽局 2006 (4)

遊樂園名稱	來園數	
	十月	十一月
劍湖山	189,800	145,793
月眉	68,448	41,900
相差(劍湖山勝)	121,352	103.893

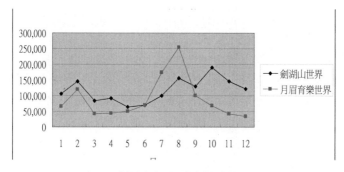

圖 7-2　劍湖山與月眉的抓錢賽局 2006

在 2006 年的消耗賽局如表 7-6 所示：

表 7-6　劍湖山與月眉的抓錢賽局方格 2006

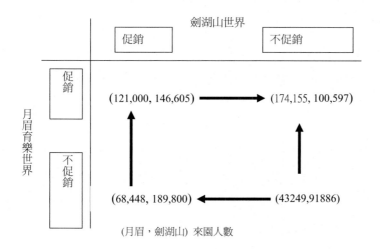

以來園數為賽局中的數字來看

1.(促銷，促銷)，在 2005 年來說，他們並未在同時期推出相同的促銷方案所以以他們有共同推出促銷但差距不大為參考數據，所以在此的數據為(121000, 146605)。

2.(促銷，不促銷)，總體上，以同樣月眉實行促銷，劍湖山實行不促銷相同行銷的況狀下為(174155, 100597)，而數值顯示，以比 2005 年同期實施時少人。

3.(不促銷，促銷)，以向上相同的情況，一方促銷一方不促銷為 (68448, 189800)。

4.(不促銷，不促銷)，這情況為了方都不促銷的來園數為(43249, 91886)

在 2006 年，月眉趨向的策略是不論劍湖山為促銷或不促銷，月眉採取的為促銷。

7-3   總統大選的割喉戰[39]

離 2004 年總統大選還有幾個月時間，總統府邱祕書長早就對外毫無顧忌地表示 這一 次的總統選舉是一場「割喉戰 」， 真是充滿血腥味卻很傳神的用語。此話 一 出，對泛綠陣營基本教義派選民，果然是一顆效果異常好的震撼彈。例如當時所謂「非常報導」的負面 文宣光碟的出現，就是明顯的例證。此一光碟事件美其名為言論自由，新聞局更為其解套， 表示尊重此一公共論題 。

總統大選原本即應以政策辯論為主 ，諸如攸關人民福祉的民生議題方才是百姓關注 的。執政黨卻以表相的「本土」為激素，誘導民粹式的激情，將大選推進到「 割 喉 戰 」境界 ，也等同把選民推到了恐怕的殺戮戰場 。越接近大選之日，肅殺氣氛越為緊張。屆時較極端的雙方人馬能否理性相對都有疑慮。

表 7-7   政治割喉 戰賽局

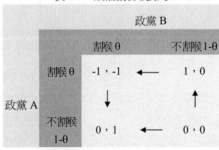

（政黨 A，政黨 B）的報酬

---

[39] 資料來源：中央日報全民論壇 2003/11/22，割喉戰太血腥。

8 智豬賽局

許多故事告訴我們：賽局一方能否獲勝，不僅僅取決於
他的實力，更取決於實力對比造成的複雜關係。

智豬賽局是一個弱者如何在「與強者共生」的環境中「借力使力」的賽局。
在智豬賽局中，假設大豬小豬同在一個豬槽裏，豬槽的一端有一個按鈕，另外
一端就是豬食的出口。只要一按按鈕，豬食出口就會放出 10 份豬食。如果兩
隻豬都不按，就都吃不到豬食；如果大豬按按鈕，小豬可以吃到 4 份豬食，大
豬也能吃到 6 份豬食；但如果是小豬按按鈕的話，將吃到 1 份豬食，而大豬可
以吃到 9 份；如果大豬與小豬一起按按鈕，小豬可以吃到 3 份豬食，大豬也可
以吃到 7 份豬食。賽局方格如圖 8-1。

在大豬和小豬的賽局中，小豬就有一個嚴格優勢策略，亦即等待大豬去按
按鈕。如果再刪除小豬的嚴格劣勢策略的話，按按鈕其實也成爲大豬的嚴格優
勢策略。簡單說來，就是小豬可以搭大豬的「便車」。所以聰明的小豬總是借
助這種「後發優勢」來圖利自己。

表 8-1 小豬與大豬的賽局方格

大豬

按按鈕　　　　　　　　不按按鈕

小豬

按按鈕　　(3，7)　——→　(1，9)

不按按鈕　　(4，6)　←——　(0，0)

在智豬賽局中，小豬能夠坐享其成，其中的關鍵就在於大豬和小豬的根本利益是一致的，大豬和小豬有競也有合的關係，但實力卻有差距。但在實務上，賽局雙方的實力不僅不均等，而且存在根本的利害衝突。這個狀況下，弱者就需要更多更大的智慧去尋求均衡點，維護自己最大的利益，在一些情況下，甚至不得不委曲求全。

在賽局中，強弱只是相對的概念。在小豬與大豬的賽局當中，如果在本質上他們有著共同的利益，小豬可以依靠大豬，實現雙贏的結果。但如果雙方的利益發生質變，共同的利益發生變化，情況由共存共榮轉變為利害衝突，或者大豬想徹底消滅小豬，從而使己方的利益達到最大化的時候，智豬的共贏賽局就會演變成一場你死我活的零和賽局。按常理說，在智豬賽局中，大豬是佔據絕對優勢的，但很多小豬能夠取得勝利的原因，就在於他們掌握了資訊或其它大豬沒有的優勢（如靈活度高），比對手早走一步，佔據了主動，最終積小為大。例如早期台灣貿易商（小豬）走遍天下，能夠在日本商社（大豬）夾縫中生存，其實用的便是智豬策略。

8-1　老二主義

智豬賽局重點在於智豬是一個成功的搭便車者（free rider）換言之，智豬奉行的是「老二主義」。、老二哲學在經營策略領域如下意義：

- 老二哲學是台灣廠家慣用的經營策略之通俗名稱，學理的名稱應該是「追隨策略」，其意義是以產業老大為學習模仿的對象，自居產業的第二把交椅。而表現在經營的策略上是：不重視開創性的突破與發展，但積極蒐集該產業的同業資訊，特別是產業領導廠商的各種經營策略，如市場區隔、產品設計、經營手法等等，有效加以學習模仿，並找出可以改良之處，轉換為自己競爭的優勢，鞏固自己的市場地位。統一食品雖然是國內食品業霸主，但在許多商品上便是採取老二哲學，例如冷凍水餃（第一品牌是龍鳳/奇美）、香腸（第一品牌是黑橋牌）、鮮乳（第一品牌是味全）、咖啡飲料（第一品牌是伯朗咖啡）、茶類飲品（第一品牌是波爾）。

- 流通產業為例：統一在流通業卻採行老大主義。7-11 為產業第一，全家就常觀察其產品及行銷手法，並即時推出相似的產品與銷售的活動，如流通店本來不賣餐盒之類的商品，但 7-11 研發推出便當餐盒得行銷活動後，蠶食了許多便當店的生意，但全家便利商店沒多久就跟進，推出更便宜的餐盒，還增加涼麵等商品，就是典型的追隨策略。

- 老二哲學之好處在於開創風險小，學習成本低，因此經營比較穩健踏實，不易失敗，最適合資源不夠豐富，規模較小的廠家. 其缺點卻是：若產業老大創新成功，則大部分的市場與利潤將歸老大所有，且老大在創新的同時，一般會建立起學習障礙，或至少封鎖情報，恐發生東施效顰的烏龍事件。德國福斯汽車集團中福斯（VW）與奧迪（AUDI）二大品牌曾經因為定位重疊而發生自相殘殺的窘境中，後來下定決心讓「福斯」奉行老二主義而讓兄弟各自努力登山，往世界第一汽車集團方向進發。

8-2 便利商店的智豬賽局[40]

經過近二十年來的廝殺，台灣便利商店的市場歷史由春秋到戰國，目前幾乎是由一超大、一大與其它小便利商店共存的世界。但對於全家來說，統一超商仍然是一超大的競爭對手，全家的策略能否成功還是要看它如何與統一的競合關係。

8-2-1 競爭背景

7-ELEVEN 在 2005 年推出 Hello Kitty 的 3D 磁鐵，在台灣造成一股旋風，不僅在小女生間非常流行，連阿公、阿嬤也趕上這股蒐集旋風。推出這項「全店整合式行銷」活動的 7-ELEVEN 連鎖店，2005 年 5 月份營收創下單月歷史新高，一口氣增加 10 億元以上。而這項「贈送、消費、抽獎」的三部曲行銷活動似乎愈來愈熱，甚至有大男生花上百萬元蒐集，這波席捲全台的狂潮可稱的上是規模最大的一次『全民活動』，當然這股旋風也造成了全家便利商店的營收下滑。

---

[40] 本實例取材自國立屏東科技大學討論稿 GT0805，「全家與 7-ELEVEN 的智豬賽局」。

而全家也決定開始搶搭這股磁鐵旋風,但是由於全家所推出的心情磁鐵的吸引力遠比不上 7-ELEVEN 的磁鐵,所以全家一開始並沒有達到增加高額營收的結果。從 2005 年 7-ELEVEN 開始推出滿 77 元送磁鐵的活動後,7-ELEVEN 與全家便沒有停過這種行銷活動,從磁鐵熱慢慢的演進到公仔熱,7-ELEVEN 總是第一個出擊,而且都能夠達到增加高額營收的目的。製作公仔的成本頗高,但 7-ELEVEN 卻可以利用公仔的行銷活動來使營收增加,而全家幹部坦承,由於 Kitty、多啦 A 夢等一線卡通明星,都已被 7-ELEVEN 簽走,爲創造市場區隔性,最後只好想出「傳統神像現代化」的要素,力邀蔣友柏的「橙果工作室」助陣,另闢蹊徑成功。而首波好神公仔兌換量,由原訂的 200 萬支,一路攀升至 410 萬支,創下公仔兌換的紀錄,而在好神公仔的庇蔭下,全家去年 7 月傳統鬼月時,推出第一波好神公仔全店行銷活動,帶動 2007 年第三季營收達 30 億,淨增加 15 億元,較前年成長 18%;去年 12 月底全家又祭出第二波活動,全家今年 1 月營收較去年 1 月成長 25%。

全家在 7-ELEVEN 推出公仔時,了解到即使是商品物價沒增加,必須自行吸收公仔的成本,卻仍可以利用公仔的行銷活動來使獲利增加,但全家也被 7-ELEVEN 逼到了退無可退的地步,才激發出以台灣傳統民間信仰的神明公仔,以跟隨者的角色來對抗 7-ELEVEN,但卻可以一步步的威脅到 7-ELEVEN 的營收,而且使全家的營收大大的增加,可以說是 7-ELEVEN 雖然佔據了絕對的優勢(優先簽走 Kitty、多啦 A 夢等一線卡通明星),但是全家掌握了傳統台灣人的心態,比 7-ELEVEN 早先一步推出更吸引台灣人的好神公仔,使得最終在公仔熱的環境下獲得優勢。

8-2-2 賽局分析

以全家來看,2007 年 5 月的營收是 27 億,而當時並未推出好神公仔,而在 2008 年 2 月推出了好神公仔第二代,營收高達 38 億;此外全家在 2007 年 1 月的營收是 24 億,2007 年 8 月推出好神公仔第一代,營收高達 33 億,所以對全家而言,最佳的策略即是推出好神公仔來迎戰 7-ELEVEN。

以 7-ELEVEN 來看,2007 年 1 月 17 日前未推出任何的公仔行銷活動,此

時的營收是 77 億，而 2007 年 5 月 7-ELEVEN 所推出的 Hello Kitty 角色扮演，使得營收高達 94 億；此外 7-ELEVEN 在 2007 年 8 月曾出現一段沒有贈送公仔的空窗期，此時的營收是 85 億，而 2008 年 2 月的營收是 82 億，但是 2007 年 8 月較 7 月時減少了 7 億，而 2008 年 2 月較 1 月減少了 4 千萬，所以大膽的假設，7-ELEVEN 會選擇推出公仔來對抗全家。

在這個智豬賽局中，全家能獲得優勢使得 7-ELEVEN 營收降低，這逆轉勝其中最大的關鍵在於全家行銷的活動相較於 7-ELEVEN 較符合台灣人的需求，若 7-ELEVEN 在一開始便沒想要要推出公仔的行銷活動的話，那 7-ELEVEN 的營收仍會超過全家，而全家也不會先行採用公仔的活動，因為成本上的無疑是一筆龐大的支出(況且全家未必會想到要用這種行銷手法來刺激消費者消費)。但 7-ELEVEN 推出這種活動後，7-ELEVEN 的營收增加，所以一直以來都不間斷的推出這種行銷活動，所以全家也在這股公仔熱的環境下，跟隨著 7-ELEVEN 順勢推出更受台灣人喜愛的好神公仔，而 7-ELEVEN 和全家在了解到公仔的行銷活動能夠增加營收，所以彼此都傾向持續這種行銷活動。

表 8-2 便利商店的智豬賽局方格

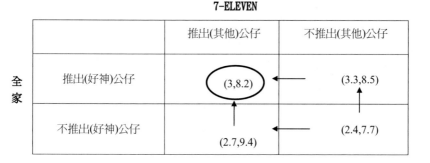

7-ELEVEN

		推出(其他)公仔	不推出(其他)公仔
全家	推出(好神)公仔	(3,8.2)	(3.3,8.5)
	不推出(好神)公仔	(2.7,9.4)	(2.4,7.7)

報酬集合(全家，7-11)，單位：十億元

8-3 國際大藥廠的智豬賽局[41]

8-3-1 製藥業的策略群組

　　一般而言，不同策略群組中的公司所採用的定位策略，其基本差異可以用少數的策略因素來描述。以「製藥業」為例，就有兩個主要的策略群組。一個是「專利權群組策略」，即是以高額研發支出與專注發展新專利的暢銷藥品做為競爭定位的特色；主要採取高風險、高報酬的策略；例如默克藥廠(Merck)、禮來藥廠(Eli Lilly)及輝瑞藥廠(Pfizer)。另一個為「一般藥物群組策略」，其專注於一般藥物的製造，低成本地複製由專利群組公司所研發出來，但專利權已過期的藥物；公司的競爭定位特色是低研發支出與強調低價格，所採用的是低風險、低報酬的策略；例如 Forest Labs(森林實驗室)、ICN 及 Carter Wallace。

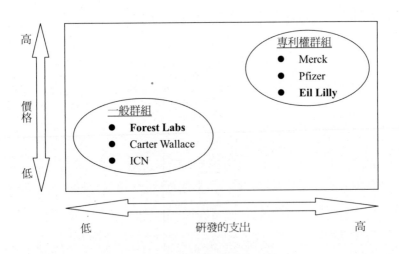

圖 8-1 國際大型藥廠的策略定位

---

[41] 本實例取材自國立屏東科技大學討論稿 GT0806，「製藥廠-智豬賽局分析」。

8-3-2　賽局分析

　　智豬賽局是個弱者如何在與強者共生的環境中借力使力的賽局，將製藥業的兩種策略群組套入此賽局中，其賽局矩陣如下表(以 Eil Lilly 與 Forest Labs 為其代表廠商)。

表 8-3 國際大型藥廠的智豬賽局方格

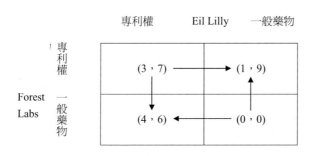

　　當兩家藥廠都採取專利權群組策略時，Eil Lilly 報酬有 7，而 Forest Labs 只有 3；當 Forest Labs 採取專利權群組策略，其報酬僅有 1(主要原因為他並沒有像 Eil Lilly 有相當強的研發能力及經費)，而就算採取一般藥物群組策略的 Eil Lilly 其報酬也會相當高，報酬為 9；當 Eil Lilly 採取專利權群組策略時，其報酬為 6，Forest Labs 採取一般藥物群組策略則為 4(雖然不需投資上百萬在研發過程，但卻因無法賣得高價，故報酬較低)；當兩者都採取一般藥物群組策略時，雙方報酬都為 0(若少了 Eil Lilly 這類研發新藥的專利權製藥廠，除了新藥品的推出會嚴重銳減，Eil Lilly 也無高報酬可言；對 Forest Labs 這類一般藥物的製藥廠而言，也是相當大的殺傷力，畢竟要自身投入研發也得耗費巨額成本)。

8-3-3 討論：百憂解

　　Eil Lilly 是全球排名第 13 大的國際藥廠，2005 年營業額 165 億美元。但這家藥廠 2006 年花在研發的費用 35 億美元，研發支出占營業額比重在全世界各藥廠間名列前茅。

以百憂解為例，自 1988 年上市以來，成為繼阿斯匹靈之後人類史上最成功的藥物。在百憂解的刺激下，過去十多年來，共有超過五種以上與百憂解同類型的藥物被開發出來，如 Paroxetin(paxil)、Sertraline(Zoloft)、Citalopram(Celexa) 等，並擠進美國藥品銷售排行榜的前十名。

在專利權的保護下，Eil Lilly 靠著百憂解過了十年豐衣足食的光景，直到 2001 年 8 月專利到期後，才被其他種不具專利，但成分療效相近、價格卻十分低廉的「學名藥」蜂擁搶食市場，銷售量遞減了 80%，褪去明星光環。此時 Forest Labs 將其暢銷的 Celexa 抗憂鬱劑的分子再細分為右旋及左旋兩種鏡像異構物，剔除其中不具治療活性的右旋成分，再包裝成新藥「Lexapro」。而 Eil Lilly 則再次推出成分相同，但每週只需服用一次的「週週百憂解」，以及新藥「千憂解 Cymbalta」。

因此，在此賽局中，Forest Labs 有個嚴格優勢即等待 Eil Lilly 研發出新藥，等專利權過後再隨後跟進。在智豬賽局中，Forest Labs 能夠坐享其成，其中關鍵就在於 Eil Lilly 和 Forest Labs 的根本利益是一致的。

8-3-4　大小豬的策略

據 2007/12/6 華爾街日報報導，多家大藥廠將面臨藥品專利到期的瓶頸。2007 至 2012 年間，30 餘種藥品專利陸續到期，在低價的學名藥競爭下，各大藥廠年銷售額將大減，製藥業的榮景可能已經過去。

專利權藥廠的暢銷藥物之所以能成為搖錢樹，主要原因即在於透過專利保護使其享有市場獨占權，因此，專利到期後學名藥的入侵、價格的銳減常常成為大藥廠營收下滑的主因。據專業機構估計，2005 年藥品市場中約有 1,570 億美元（約占 40%）的品牌藥將在 2015 年之前陸續面臨學名藥的競爭，而其中有相當高的比例為暢銷藥物。一旦藥物喪失專利保護，學名藥就會迅速入侵，以較低的價格侵蝕品牌藥（branded drug）的銷售額。

在美國藥品市場上，一般而言學名藥的價格大約掉到原先品牌藥專利保護期間價格的 60%，在 1.5 年後價格更下跌到 45%，而三年後則會跌到只剩下原

先價格的 20%。此外，在專利到期後的二年內會出現八家學名藥廠競爭，但是暢銷藥物在喪失專利保護後的 2.5 年內就陸續會有 20 個學名藥廠搶奪瓜分市場。因此，學名藥的入侵對暢銷藥物而言，更是一個相當嚴重的問題。第一個學名藥上市將使原開發藥廠失去 15-30%市占率，更多學名藥上市後，市占率更將減少 75-90%，因此，專利權藥廠必須持續不斷開發出新產品，以維持營收成長 10%以上。

藥品專利權期限為 20 年，不過，等到藥品上市，通常專利保護期已耗去一半。上市後，蜜月期的利潤極高(毛利率通常在 90%至 95%)。但專利權到期後，其他藥商就可用接近成本的價格推出成分相同的學名藥，高利潤不再。藥廠在 1990 年代推出的產品專利在 21 世紀初陸續到期，上一波熱潮在 2001～2003 年，近年的顛峰期則是 2005～2007 年，2006 年～2010 年會有大約 633 億美元暢銷藥物的專利到期。

在面臨許多暢銷藥物專利到期的壓力下，藥廠雖然逐年提高研發經費，但 FDA 每年核准的新藥（即 NMEs 與生物製劑數）數目卻呈現下降的趨勢。在 2002 年至 2006 年的五年間，藥廠推出的化學新藥卻比上一個五年期減少 43%。若以核准的新化學成分（New Chemical Entity，NCE）或生物製劑 BLA（biological license application）數目作為研發生產力的指標來看，製藥產業的研發生產力自 1996 年創下高峰後即已開始下滑。況且，藥廠研發支出的成長，並未反映在暢銷藥物的推出數目與營收的成長上。分析製藥公司的營收資料可知，近年來上市的產品皆非藥廠營收的主力，全球領先的大藥廠中只有五家，其營收的 10%以上是來自於過去五年所上市的產品，顯示國際藥廠必須積極的補足新產品線，以維持營收的穩定成長。

面對大環境的改變，國際大藥廠的專利權即將到期，小豬蠢蠢欲動，大豬得想辦法突破種種的障礙；若專利權藥廠持續研發出新藥，專利權到期應不致造成危機。然而，一般藥廠要做到跟專利權藥廠一樣是困難的。他們只要好好的做他們的 free rider、聰明的小豬就好了；雖然報酬不能與專利權藥廠相比，但至少他們不需承擔如此龐大的風險。

9 福利賽局

我們可以把這些例子歸納為一個指導同時行動的賽局的法則。亦即：假如你有一個優勢策略，請照辦。不要擔心你的對手會怎麼做。假如你沒有一個優勢策略，但你的對手有，那麼就當他會採用這個優勢策略，相應地選擇你自己最好的做法。

福利賽局（The Welfare Game）建構在賽局參與雙方，「一方為捨，另一方為得」的關係上。賽局參與一方擁有資源；另一方想獲得資源。捨的一方希望得的一方行為符合己方之期望；得的一方希望行為符合捨的一方之期望以便得到欲得的目的。例如：

- 政府與窮人：政府救濟窮人目的在於窮人可以自立自足，有一天不必再倚靠政府救濟。窮人為了獲得政府的救濟金，必須表現出可以自立自足的可能性；政府發放救濟金也需評估救濟對象自立自足的可能性達到政府的期望值。但是當窮人獲得政府的救濟金後可能又鬆懈，回歸到原來倚靠救濟金過活的習性。

- 政府與假釋犯：政府願意讓假釋犯更生，是期盼假釋犯行為在假釋後符合政府的要求。犯人為獲得假釋的機會，在監行為必須表現出達到政府的期望值。政府願意假釋某一犯人也是評估假釋犯成功更生的機會達到政府的期望值。但是當假釋犯獲得政府的假釋後可能又鬆懈，回到原來的行為。

- 父母與小孩：父母給小孩子獎勵或零用錢是希望小孩子的行為符合父母的期待（行為好、功課好，或在某些領域表現優異）；父母給小孩子獎勵或零用錢視小孩子的行為是否符合父母的期望值（標準，如成績達某個標準）；小孩子為獲得獎勵或零用錢必須表現出符合父母的期望值。但是當小孩子獲得獎勵或零用錢後可能又鬆懈，回歸到原來水準。

- 技術母廠與授權廠商：高科技廠商不可能從研發、生產、行銷通路全

包。擁有開發技術的母廠通常需要尋找可靠的 OEM(ODM)場商合作，才能進行大量生產銷售。然而技術母廠必須授權廠商是否能忠心於他、幫他代工，又不會私下偷學技術回頭打擊他。授權廠商必須表現出忠心於他的可能性符合技術母廠的期望值，才能獲得技術母廠的委託訂單。近年來許多台灣廠商為爭取國際大廠代工的訂單，也希望保有自有品牌的發展空間，紛紛採取品牌與代工分家的經營策略，如 Acer 與 Asus 便是最好的例證。

9-1 政府與窮人的福利賽局

最初的福利賽局建構以下情形的模型：政府希望救濟正尋找工作的窮人。而窮人只有在不能依賴政府援助時才會找工作。這在公共政策內是眾所周知的，由 Tullock 發表[42]，而原始來自與 James Buchanan 共同著作中[43]，延伸 Samaritan 兩難（Samaritan's Dilemma），陳述其中存在著社會福利政策中的道德危險(moral risk)的問題。同樣的問題在私人領域也發生，例如，父母決定是否要幫助懶惰的小孩。

表 9-1 為表現這種狀態的報酬。沒有參賽者擁有優勢策略，而且略為思考後，我們可以看到，單純策略中也沒有穩定 Nash 均衡存在。

表 9-1　政府與窮人的福利賽局

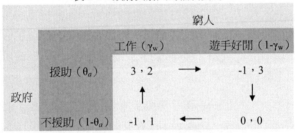

（政府，窮人）的報酬

---

[42] Tullock, 1983, "The Tullock-Bastiat hypothesis, inequality-transfer curve and the natural distribution of income," *Public Choice* 56(3): 285-294.

[43] Buchanan, James M. , and Gordon Tullock, 1962, *The Calculus of Consent*.

每一個策略組合必須被輪流檢驗是否爲 Nash 均衡。

（1） 策略組合（援助，工作）不是 Nash 均衡，因爲若政府選擇救濟，窮人將以遊手好閒回應。

（2） 策略組合（援助，遊手好閒）不是 Nash 均衡，因爲政府將轉移到不救濟。

（3） 策略組合（不援助，遊手好閒）不是 Nash 均衡，因爲窮人將轉移到工作。

（4） 策略組合（不援助，工作）不是 Nash 均衡，因爲政府將轉移到援助。而這帶我們回到（1）。

福利賽局確實有一個混合策略的 Nash 均衡。我們能計算出來。參賽者的報酬是從表 9-1 報酬的預期價值。

若政府選擇援助的機率爲（θ_a），而窮人選擇工作的機率是（γ_w），政府的預期報酬是：

$$\pi_{政府} = \theta_a\left[3\gamma_w + (-1)\left(1-\gamma_w\right)\right] + \left[1-\theta_a\right]\left[-1\gamma_w + 0\left(1-\gamma_w\right)\right]$$

$$= \theta_a\left[3\gamma_w - 1 + \gamma_w\right] - \gamma_w + \theta_a\gamma_w$$

$$= \theta_a\left[5\gamma_w - 1\right] - \gamma_w \tag{9.1}$$

若只有單純策略被允許，θ_a 等於 0 或 1，但在賽局的混合擴允下，政府行動的 θ_a 介於 0 到 1 間的連續範圍，單純策略成爲極端值。跟隨著一般解決極大化問題的程序，我們將報酬方程式對選擇變數微分得到一階條件：

$$\frac{d\pi_{政府}}{d\theta_a} = 5\gamma_w - 1 = 0$$

$$\Rightarrow \gamma_w = 0.2 \tag{9.2}$$

在混合策略均衡，窮人選擇工作 20% 的時間。這方式我們得到的數字也許看起來奇怪：欲取得窮人的策略，我們必須微分政府的報酬，了解為何如此需要好幾個步驟。

（1）政府存在一個最適的混合策略。

（2）若窮人選擇超過 20% 的機率去工作，政府會選擇援助窮人。若窮人選擇工作少於 20% 的機率，政府則選擇不援助。

（3）若一個混合策略對政府而言是最適的，窮人必須選擇工作的機率剛好是 20% 。

要得到政府選擇援助的機率，我們必須轉往窮人的預期報酬函數，為：

$$\pi_{窮人} = \theta_a \left(2\gamma_w + 3[1-\gamma_w]\right) + (1-\theta_a)\left(1\gamma_w + 0[1-\gamma_w]\right)$$

$$= 2\theta_a\gamma_w + 3\theta_a - 3\theta_a\gamma_w + \gamma_w - \theta_a\gamma_w$$

$$= -\gamma_w(2\theta_a - 1) + 3\theta_a \qquad (9.3)$$

一階微分條件為：

$$\frac{d\pi_{窮人}}{d\gamma_w} = -(2\theta_a - 1) = 0,$$

$$=> \theta_a = \frac{1}{2} \qquad (9.4)$$

若窮人選擇工作機率為 0.2，政府選擇援助的機率是 100% 、0 和中間任何數都沒有差別。然而，這裡的策略若是形成一個 Nash 均衡，政府必須選擇 $\theta_a=0.5$。在混合策略 Nash 均衡，政府有 0.5 的機率選擇援助，窮人有 0.2 的機率選擇工作。均衡結果可能是結果矩陣四個項目中的任何一個。有最高發生機

率的項目是（不援助，遊手好閒）和（援助，遊手好閒），每個的機率爲 0.4（=0.5 [1-0.2]）。

9-2　動盪中的台美關係之福利賽局

台灣一直以有別於中國大陸專制政權爲傲，台灣的民主成就在華人世界中爲一標桿。自國民黨時代開始，台灣一直認爲美國應以保衛自由台灣的民主成就爲義務。美國在台美斷交前亦以此爲對台外交主軸。但自台美斷交後，美國想在與中國的龐大利益（戰略、經濟）和與台灣的民主情感間保持平衡。

但自二十世紀末國民黨執政末期開始，台灣的中國政策有大幅的改變，領導人常在統獨間擺盪，並遊走在觸怒中共的邊緣上。美國對台政策被逼迫做實務的轉變，對台的友好已不再是擁衛民主的義務，而演變成「觀其行、聽其言」的條件式支持。台美間的關係已質變爲一種「福利賽局」。

2006 年中，美國在台協會台北辦事處長楊蘇棣舉行了履新兩個月後的第一次記者會。他強調美台關係雖然健康、良好，但管理和發展雙方的關係仍需付出很多努力。 楊蘇棣表示，從根本上來說，美台關係健康、良好，但雙方密切合作，在美台關係過去 50 年所取得成果的基礎上，推動這種關係非常重要。他強調，雙方不能吃過去的老本，不能把所有事情視爲理所當然，因爲管理和發展美台關係需要很多的努力。[44]

表 9-2　台美關係之福利賽局

	Taiwan	
	Good（γ_w）	Bad（$1-\gamma_w$）
US　援助（θ_a）	1，2　$\longrightarrow$	-10，3
US　不援助（$1-\theta_a$）	-1，1	1，-1

[44] 大 紀 元 日 報 轉 載 自 美 國 之 音 2006 年 5 月 19 日 台 北 報 導， http://www.epochtimes.com.tw/bt/6/5/19/n1323847p.htm

$$\Pi_{US} = \theta[r - 10(1 - r)] + (1 - \theta)(-r + 1 - r)$$
$$= \theta r - 10\theta + 10\theta r + 2\theta r - \theta - 2r + 1$$
$$= \theta(13r - 11) - 2r + 1$$

$$\frac{d\Pi_{US}}{d\theta} = 13r - 11 = 0,$$
$$r = 11/13$$

$$\Pi_T = \theta[2r + 3(1 - r)] + (1 - \theta)(r - (1 - r))$$
$$= -3\theta r + 2r + 2 + 4\theta$$
$$= r(2 - 3\theta) + 2 + 4\theta$$

$$\frac{d\Pi_T}{dr} = 2 - 3\theta = 0$$
$$\theta = 2/3$$

對美國與台灣的關係而言,

（1）美國存在一個最適的混合策略。

（2）若台灣表現良好的機率超過 11/13,美國選擇援助台灣的國際生存空間。若台灣表現良好的機率低於 11/13,美國則選擇不援助。

（3）若一個混合策略對美國而言是最適的,台灣表現良好的機率剛好是 11/13。

對台灣與美國的關係而言,

（4）台灣也存在一個最適的混合策略。

（5）若美國援助台灣的國際生存空間的機率低於 2/3,台灣選擇表現良好以尋求美果支援。若美國援助台灣的國際生存空間的機率高於 2/3,台灣選擇不要表現完美、順從。

（6）若一個混合策略對台灣而言是最適的,美國援助台灣的國際生存空間的機率剛好是 2/3。

9-3 台灣烽火外交之福利賽局[45]

9-3-1 扁政府無力挽救-馬拉威宣布與台灣斷交

台灣外交部於 2008 年 1 月 14 日晚間六時三十分宣布，終止與馬拉威共和國外交關係，並停止一切援助計畫。外交部次長表示，中共去年下半年開出六十億美元天價利誘馬拉威，此後馬國關閉外交對話管道，我方努力挽回未果。對於馬國「配合中國選擇在我元首出國訪問的時刻與中國建交」，外交部痛批是「對我國政府及台灣人民極大的羞辱」。在台灣宣布與馬拉威斷交後，台灣邦交國將僅剩 23 國。

馬拉威與台灣建交長達四十二年，自 1966 年建交以來，台灣始終積極協助馬國從事各項基礎建設及攸關馬國國計民生之計畫，馬國歷任政府及人民對兩國邦誼及各項合作亦深表滿意。外交部聲明，馬拉威宣布與中共建交，台灣終止與馬外交關係，並終止一切援助計畫。並譴責中共以重金利誘我友邦，並對馬國政府及領導人，不顧尊嚴承諾與中共建交，深感遺憾。

馬拉威與台灣斷交，對國人來說，近來邦交國接連失守，如今即使再斷一個，感覺也已經有點麻木了。但問題不只在有限的邦交國又少了一個，最近幾個斷交事件，隱含著國際格局的一些基本性變化，大趨勢對台灣極為不利，我們必須慎重面對。

對我們來說，這也再次證明了國際現實的殘酷，以及台灣處境之艱險。對手如此之強大，台灣打起全部精力拚命應戰都來不及，萬萬不能再有絲毫鬆懈遲疑，也絕不能把寶貴資源浪擲在無關緊要或有反效果的事上。然而，回顧民進黨執政八年來的外交工作，卻是方向錯誤，策略失當，領導自私，官員拍馬屁，以致護台不成，誤國有餘。

經貿籌碼只能綁小國，大國的同情與支持，是台灣另一項生存支柱，但這部分的損傷更嚴重。阿扁為了勝選，把民眾渴望國際接納的單純心情挪作自己的政治工具，不擇手段地操作統獨與公投，毫不在意台美關係可能付出的代

---

[45] 本實例取材自國立屏東科技大學討論稿 GT0807，「福利賽局-金錢換友誼的金援外交！？」。

賽局 GAME THEORY

價，結果美國不再信任台灣政府，甚至出手壓制台灣的外交努力。而國際社會也看穿了阿扁的伎倆，一盆冷水澆下來，連帶台灣的國家利益也無辜受害，與聯合國與世衛組織的距離反而愈來愈遠。

扁政府執政八年來斷了九個邦交國，看數字很驚人，不過兩岸戰場本來就有來有往，重點在失去的是什麼樣的國家。以最近三個來說，查德是非洲大國，肯花大錢買油的中共確實很具吸引力，但馬拉威雖然鈾礦受到中共垂涎，與台灣邦交卻長達四十二年，這麼長的時間裡，我們付出了多少心力，竟仍然不敵中共銀彈攻勢。而哥斯大黎加和台灣建交甚至超過一甲子，是一個穩定的民主國家，也是中美洲重要成員。中美洲和加勒比海地區向來是台灣外交一大重鎮，中美洲成員彼此往往互相影響，哥國一倒，整個地區可能像骨牌一樣全垮，台灣絕不能掉以輕心。

國際局勢也顯示，中共現在不只銀彈豐厚，國際地位及對國際事務的影響力日益增加，無論是伊朗、北韓還是達富爾、海地，相關國家都希望得到中共的合作，因此更不願為台灣壞了自己利益。台灣要對抗這樣的中共，將會更加吃力，也更必須及早調整外交策略，回歸實質的國家利益，唾棄短線思考與選舉考量，拋棄激進挑釁的議題操作，以務實理性、能打動國際社會的訴求，重新爭取重要大國的支持。

9-3　台灣的金援外交福利賽局

		邦交國	
		繼續邦交（γ_w）=1/2	斷交（$1-\gamma_w$）=1/2
外交政策	金援外交（θ_a）=2/3	(1,2) →	(-1,3)
	不金援外交（$1-\theta_a$）=1/3	(-1,1) ←	(1, -1)

（台灣，邦交國）報酬

以上每一個組合必須被輪流檢驗是否為 Nash 均衡

1.策略組合（金援，邦交）不是 Nash 均衡，因為若外交政策選擇金援邦交國，邦交國以斷交的方式給予台灣回應。

2.策略組合（金援，斷交）不是 Nash 均衡，因為若邦交國選擇與台灣斷交，外交政策將會移轉至不金援邦交國。

3.策略組合（不金援，斷交）不是 Nash 均衡，因為若台灣外交政策不金援邦交國，邦交國將移轉至願意與台灣繼續邦交。

4.策略組合（不金援，邦交）不是 Nash 均衡，因為若邦交國選擇繼續邦交，則外交政策便會移轉到金援邦交國。而這又帶我們回到策略組合（金援，邦交）。

　　福利賽局確實有一個混和策略的 Nash 均衡。我們能夠計算出來，參賽者的報酬，若台灣外交政策選擇對金援邦交國的機率為（θa），而邦交國願意繼續與台灣邦交的機率是（γw），台灣外交政策的預期報酬是：

$$\Pi_{外交政策} = \theta[\gamma \cdot 1 + (1-\gamma) \cdot (-1)] + (1-\theta)[\gamma \cdot (-1) + (1-\gamma) \cdot 1]$$
$$= 4\theta\gamma - 2\theta - 2\gamma + 1$$
$$= 2\theta(2\gamma - 1) - 2\gamma + 1$$
$$\frac{d\Pi_{外交政策}}{d\theta} = 2\gamma - 1 = 0$$
$$\Rightarrow \gamma_w = \frac{1}{2} = 0.5$$

　　在混和策略均衡，台灣外交政策選擇對金援邦交國的機率為 0.5。這意味著：台灣外交政策與邦交國間存在一個最適的混和策略。

1.若邦交國選擇繼續邦交的機率超過 0.5，外交政策選擇對金援邦交國。

2.若邦交國選擇斷交的機率超過 0.5，外交政策選擇不金援邦交國。

3.若一個混和策略對台灣外交政策而言是最適解的，那邦交國選擇繼續邦交的機率剛好是 0.5。

　　要得到外交政策選擇金援邦交國的機率，我們必須轉往邦交國的報酬函數，其報酬函數為：

$$\Pi_{\text{邦交國}} = \theta\left[\gamma \cdot 2 + (1-\gamma) \cdot 3\right] + (1-\theta)\left[\gamma \cdot 1 + (1-\gamma) \cdot (-1)\right]$$
$$= (2\theta\gamma + 3\theta - 3\theta\gamma) + (2\gamma + \theta - 2\theta\gamma - 1)$$
$$= -3\theta\gamma + 4\theta + 2\gamma - 1$$
$$= \gamma(-3\theta + 2) + 4\theta - 1$$

$$\frac{d\Pi_{\text{邦交國}}}{d\gamma} = 2 - 3\theta = 0$$

$$\Rightarrow \theta_a = \frac{2}{3}$$

　　若邦交國選擇繼續邦交的機率為 0.5，外交政策選擇金援邦交國的機率就是 100%、0 和中間任何數都沒有差別。然而這裡的策略若是一個 Nash 均衡，外交政策必須選擇 θa =2/3。在混合策略 Nash 均衡，外交政策有 2/3 的機率選擇金援邦交國，邦交國則為 0.5 的機率繼續邦交。均衡結果可能是四個結果矩陣中的任何一個。最高發生機率的項目是（金援，邦交）和（金援，斷交），每個機率為(1/2)*(2/3)=1/3。由以上賽局我們可以得知一個現象，台灣的外交政策不論邦交國是否會斷交，均會採取金援邦交國的方式來維持與邦交國的友誼。這也是民進黨執政八年一直在做的事，導致對外金援高達新台幣九百多億元，但邦交國卻少掉六個，且還有因為斷交而產生的六十七億五千九百萬元的驚人呆帳。

9-3-3　外交政策新改革-馬英九：廢除「金援外交」、改以「實質援助」

　　2008 年總統當選人馬英九在舉行當選後的首次國際媒體記者會中，強調 520 上任後，將會積極與中國展開兩岸間的經濟、和平與國際空間協商。同時未來台灣在外交政策上，將廢除「金援外交」，改以「實質援助」的方式協助友邦發展經濟及科技。

　　至於兩岸和平與台灣的國際空間，馬英九認為，這部分需要時間來推動，

他沒有設定時間表，並強調台灣絕對不是麻煩製造者。馬英九一貫的政策主張就是「以台灣爲主、對人民有利」，推動政策是全方位的，絕對不會只著重經濟面。在外交議題上，馬英九說，他會繼續推動與日本間的關係。至於非洲友邦，他會針對經濟與科技的部分對非洲地區的友邦或國家實施實質援助，但是絕對不會採取「金援外交」的政策。

9-4　假釋問題之福利賽局

假釋犯人爲台灣法律執行上一個受人爭議的話題。若顧全基本人權，多一份讓受刑人自新的機會應屬法外之情。但假釋犯人是否真能痛改前非，成爲回頭浪子確有爭議，是否再成爲社會負擔是其中關鍵。法務部身爲執行者，如何取捨有其困難之處。假釋犯人到底是受刑人的福利還是社會大眾的負擔？

表 9-4 假釋問題之福利賽局

犯人

	作好人（γ_w）	再犯（$1-\gamma_w$）
假釋（θ_a）	（1，2） →	（-1，3）
不假釋（$1-\theta_a$）	（-1，1） ←	（0，0）

法務部

（法務部，犯人）的報酬

若法務部選擇假釋的機率爲（θ_a），而犯人選擇作好人的機率是（γ_w），那法務部的預期報酬如下：

$$\pi_{法務部} = \theta_a[\gamma_w + (-1)(1-\gamma_w)] + (1-\theta_a)(-\gamma_w)$$

$$= \theta_a[2\gamma_w - 1] - \gamma_w + \theta_a\gamma_w$$

$$= \theta_a [3\gamma_w - 1] - \gamma_w$$

$$\frac{d\pi_{法務部}}{d\theta_a} = 3\gamma_w - 1 = 0$$

$$=> \gamma_w = \frac{1}{3}$$

在混合策略均衡，犯人有 1/3 的機率選擇作好人。如果犯人有超過 1/3 的人選擇作好人，那法務部會選擇假釋，反之，若犯人少於 1/3 願意作好人，那麼法務部則會選擇不假釋。如果一個混合策略對法務部而言是最適的，那犯人必須選擇當好人的機率剛好是 1/3。

犯人的預期報酬如下：

$$\pi_{犯人} = \theta_a [2\gamma_w + (1-\gamma_w) 3] + (1-\theta_a) \gamma_w$$

$$= \theta_a [-\gamma_w + 3] + \gamma_w - \theta_a \gamma_w$$

$$= -\theta_a \gamma_w + 3\theta_a + \gamma_w - \theta_a \gamma_w$$

$$= -\gamma_w (2\theta_a - 1) + 3\theta_a$$

$$\frac{d\pi_{犯人}}{d\gamma_w} = -(2\theta_a - 1) = 0$$

$$=> \theta_a = \frac{1}{2}$$

若犯人選擇當好人的機率為 1/3，那麼法務部選擇假釋的機率是 100%。然而，若是這裡的策略是形成一個 Nash 均衡，法務部必須選擇 θ_a = 0.5。在混合策略 Nash 均衡裡，法務部有 0.5 的機率選擇假釋，犯人 1/3 選擇作好人。有最高發生機率的項目是（假釋，再犯）和（不假釋，再犯），每個機率為 0.5*(1-1/3)=1/3。

9-5 銀行與卡奴的福利賽局

卡奴的問題在 2005 年後成為台灣（也是同屬東亞的日、韓兩國）嚴重的社會與財金問題。對於銀行而言，諸如現金卡、信用卡循環利息是一塊大肥肉。然而現金卡發卡對象多以尚未有經濟基礎的年輕人。

「卡奴」暴增成嚴重社會問題[46]

據 2006 年統計，台灣每天自殺的人數超過 12 人，一年高達 4000 人，其中為了金錢而自殺的超過半數，而這半數人當中又有超過一半的人是欠了卡債的"卡奴"。因背負卡債而自殺的人成百上千，可見在台灣"卡債"已經是個絕不容許忽視的重大社會問題。

「卡奴」永遠追著利息跑

"卡奴"，就是信用卡和現金卡的奴隸，不管以卡養卡或以債養債，"卡奴"賺來的錢永遠只能追著利息跑。目前台灣有 40 萬名"卡奴"，預計 2006 年將迅速上升到百萬，累積至少有 2400 億元（新台幣，下同）的卡債。

《今週刊》講述了一個真實的"卡奴"故事：在金融業服務的吳小婷（化名），總共負債 360 萬元，每月要攤還的本息高達 10 萬元，扣除薪水後，每月產生的資金缺口至少 5 萬元以上。每次到了繳款截止日，吳小婷就靠著以債養債和四處週轉，讓自己"撐過去"，逾期拖欠早已是家常便飯。

和吳小婷一樣淪為"卡奴"的年輕人比比皆是，他們中有的比吳小婷慘得多。有的沒有工作，卻在短短幾個月內欠債上百萬元；有的欠債高達七八百萬元，不僅自己被逼得走投無路，連父母親都跟著想跳樓自殺。自殺、搶劫、販

46　背景資料來源：《環球時報》， 2006/01/19，搞恐怖逼債"卡奴"走投無路　臺當局束手無策。
　　http://big5.huaxia.com/tw/sdbd/sh/2006/00412703.html

毒、賣春等導致社會更加動亂的事件,在"卡奴"走投無路的時候一椿又一椿地陸續發生。

就賽局來看,發卡銀行希望(但沒把握)發卡對象是有能力償債的,卡奴則希望發卡銀行多借他錢,但對還債的法律層面又刻意忽略。造成惡性循環:發卡銀行認爲卡奴有相當能力償債時我會發卡;卡奴借到錢後忽視償債責任;發卡銀行發現卡奴沒有能力償債時延緩發卡;卡奴爲了借到錢必須表現出他有能力償債。

表 9-5 銀行與卡奴之福利賽局

		卡奴	
		Good (γ_w)	Bad ($1-\gamma_w$)
銀行	貸放(θ_a)	2,1 $\longrightarrow$	-1,2
		$\uparrow$	$\downarrow$
	不貸放($1-\theta_a$)	-1,1 $\longleftarrow$	0,0

$$\Pi_B = \theta[2r-(1-r)] + (1-\theta)(-r)$$
$$= 2\theta r - \theta + \theta r - r + \theta r = \theta(4r-1) - r$$
$$\frac{d\Pi_B}{d\theta} = 4r - 1 = 0$$
$$r = 0.25$$

$$\Pi_K = \theta[r+2(1-r)] + (1-\theta)r$$
$$= \theta r + 2\theta - 2\theta r + r - \theta r = r(1-2\theta) + 2\theta$$
$$\frac{d\Pi_K}{dr} = 1 - 2\theta = 0$$
$$\theta = 0.5$$

卡奴有超過 0.25 的可能性表現良好時,發卡銀行就會進行發卡;相對的,發卡銀行有超過 0.5 的可能性發卡給卡奴時,卡奴會選擇表現不符合還款的期望。平衡點在於:卡奴有 0.25 的可能性表現良好、發卡銀行有 0.5 的可能性發卡給卡奴。

10 訊息集合與動態賽局類型

為了避免在競爭中處於劣勢，我們應該在決策之前，盡可能掌握有關的資訊。人類的知識、經驗等，都是可用的「資訊庫」。我們並不一定知道未來將會面對什麼問題，但是你掌握的資訊越多，作出正確決策的可能就越大。

　　從這一章開始，我們將進入動態賽局的世界中。動態賽局（Dynamic Games）的推演方式將由『賽局樹』（game tree）取代『賽局方格』。另外，在推演過程中一個關鍵性的因素便是『資訊』。假若參賽者 i 在賽局的任何特定時間的**訊息集合（information set）** J_i 是：在賽局樹內一組他認為可能是真實的不同訊息節點，但無法透過直接觀察去分辨它們是否為真。

　　表 10-1 所示是這個賽局一些不同的訊息分割。分割 I 是 Asus 的訊息集，分割 II 是 Quanta 的訊息集。我們說訊息集 II 較粗糙（coarser），而訊息集 I 較精緻（finer）。若降低訊息集合的數目、增加一個或多個訊息集合內節點的數目，是為訊息集粗糙化（coarsening）。若分裂訊息集內一個或多個訊息集合，將增加訊息集合的數目、降低一個或多個訊息集合內節點的數目，稱為精鍊化（refinement）。因此，訊息集 II 是訊息集 I 的粗糙化，而訊息集 I 是訊息集 II 的精鍊化。精鍊化的極致就是每個訊息集合都是單一節點（singleton），如訊息集 I。

表 10-1　訊息分割

Nodes	I	II	III	IV
J_1	$\{J_1\}$	$\{J_1\}$	$\left.\begin{array}{c} J_1 \\ J_2 \end{array}\right\}$	$\left.\begin{array}{c} J_1 \\ J_2 \end{array}\right\}$
J_2	$\{J_2\}$	$\{J_2\}$		
J_3	$\{J_3\}$	$\left.J_3\right\}$	J_3	J_3
J_4	$\{J_4\}$	J_4	J_4	$\{J_4\}$

10-1　完全、確定、對稱和充份訊息

一個特定賽局也許有完全（perfect）、充份（complete）、確定（certain）和對稱（symmetric）訊息等特性。這些分類將彙總在表 10-2。

第一個分類，區隔賽局為擁有完全和不完全訊息的兩群。

在**完全訊息（perfect information）**的賽局每個訊息集合都是單點，否則賽局則是**不完全訊息（imperfect information）**。

表 10-2　訊息分類

訊息分類	意義
完全	每個訊息集合都是單點：訊息點。
確定	在任何一位參賽者行動後，上帝[47]不會行動。
對稱	當參賽者行動或在結束節點上，參賽者與其他參賽者有相同的訊息。
充份	上帝不會先行動，或祂的起始行動能被每位參賽者觀察到。

一個完全訊息的賽局可滿足最強的訊息要求，因為在完全訊息的的賽局內，每位參賽者總是清楚知道他在賽局樹的位置。所有參賽者都觀察到上帝的行動，而且沒有可能的行動是同時發生的。排序協調是不完全訊息的賽局，因為它是同時行動賽局；下一章所要介紹的「追隨領導者 I 賽局」則是完全訊息的賽局。**任何不充份或不對稱訊息的賽局也是不完全訊息的賽局。**

確定的賽局（a game of certainty）在所有參賽者行動後，上帝將不會行動，否則為**不確定賽局（a game of uncertainty）**。

在一個非同時的行動的賽局中，確定的賽局可能一個完全訊息的賽局。但如果上帝的行動也許會（或不會）立即顯現給參賽者，此一賽局為一不確定賽局內。以上的定義特色是它允許在確定賽局中上帝可有起始的行動，因為在不充份訊息的賽局中，上帝先行動以選擇參賽者的「類型」，多數模型設立者不認為這樣的情況是不確定性。

---

[47]　或稱主宰、自然，或是「賽局中看不見的那隻手」。

　　我們在 5.1 節所談的排序協調的賽局是一個有不完全、充份、對稱訊息和確定性的賽局，囚犯的兩難也是同一類型。非同時行動的追隨領導者 I 賽局卻是一個完全、充份、對稱訊息，且有著確定性賽局的特色。

　　我們以增加不確定性來修改追隨領導者 I 賽局，創造出追隨領導者 II 賽局（圖 10-1）。想像若兩位參賽者都選 Windows 系統，市場獲利可能是 0 報酬或非常高的報酬，取決於需求狀態，但需求將不會影響任何其他策略組合的報酬。我們可以量化這結果，若（Windows 系統，Windows 系統）被選取，報酬為（10，10）的機率為 0.2，為（0，0）的機率為 0.8。

　　極大化他們的預期效用（expected utilities），參賽者行動將會追隨領導者 I 完全相同，通常，不確定的賽局能被轉換為確定的賽局而不會改變均衡狀態。只要藉由修改報酬為依據上帝行動的機率計算出的預期效用即可。這裡我們可以消除上帝的可能行動，而將報酬 10 和 0 以單一期望報酬 2（＝0.2（10）＋0.8（0））取代。[48]

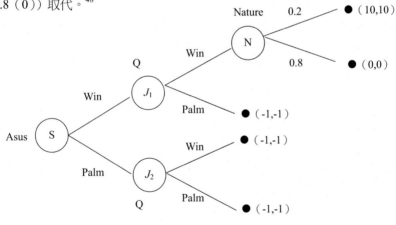

（Asus，Quanta）的報酬

圖 10-1　追隨領導者賽局樹

---

[48] 當參賽者面對不確定性時，我們必須確定他們知道如何衡量他們的不確定未來報酬。建構他們行為模型最合理的方式是參賽者極大化他們效用的預期效用。擁有如此行為的參賽者被稱為具有 von Neumann-Morgenstern 效用函數（utility functions）者，這命名是用來紀念 von Neumann-Morgenstern（1944）對此嚴謹解釋的學理推導。

對稱訊息（symmetric information）的賽局中，參賽者訊息集合在

（1）任何他選擇行動的節點。

（2）結束節點。

至少包含與每位其他參賽者訊息集合相同的元素即為對稱訊息；否則是為不**對稱訊息（asymmetric information）**的賽局。

不對稱訊息的本質是某位參賽者擁有有用（useful，對最後結局造成重大影響的）的私人訊息（private information）：一個不同於其他參賽者，但不會更糟的訊息分割。

對稱訊息賽局中每位參賽者知道上帝的行動或同時的行動，但沒有訊息優勢。若兩位參賽者同時行動，對稱訊息不能幫助參賽者，因為他的決策不能影響他人的行動。

如果在賽局結束時訊息集合不同，則稱此一賽局擁有不對稱訊息賽局。即使沒有參賽者在他人結束節點後採取行動，我們仍認為這個賽局的訊息不對稱。二十章中的「委託人－代理人模型」就是一個例子。委託人先行動，然後代理人再行動，最後是上帝行動。代理人可以觀察到代理人自己的行動，委託人即使可以推論它卻看不到。

在不充份訊息（incomplete information）的賽局中，上帝首先行動，且不被至少一位參賽者發現，否則這是充份訊息（complete information）。

因為某些參賽者的訊息集合包含超過一個節點，所以**不充份訊息的賽局也就是不完全訊息賽局**。另一種賽局是「充份但不完全訊息」：在同時行動的賽局中，上帝採取行動但沒有立刻顯現給所有參賽者觀看。

10-2 台灣高速鐵路 BOT 招標甄審賽局

10-2-1 背景分析

台灣高鐵在交通部所擬的台鐵民間招商案，由「台灣高鐵聯盟」1997 年 9 月 25 日以政府零出資取得強力價格優勢，以新台幣一千九百二十億元的差距，氣走中華高鐵，順利取得優先議約權。將給予三個月議約期；如無法取得協議，將由次優廠商中華高鐵遞補，進行議約。

台灣高鐵決勝的關鍵，在於政府不用花半毛錢，就可讓國人有高鐵可以坐。

高鐵甄審委員會 1997 年 9 月 24 日加開委員會議，攸關決勝關鍵的報價單方面，台灣高鐵總建設經費為新台幣三千三百六十六億元，除原先政府編列一千零五十七億元，如卅年期滿前已付清，仍按比例提列；中華高鐵總建設經費則為五千二百八十六億元，要求政府出資一千四百九十五億元。

根據近一個月所作評審結果，認為台灣高鐵與中華高鐵兩大團隊所擬投資計畫，在興建、營運能力、財務計畫、公司組織健全性方面，均能符合政府要求的基本條件。

至於決勝關鍵：投資額度部分，在甄審委員會當場開標後，台灣高鐵的「要求政府投資額度」為負的一千零五十七億元，也就是不但不須政府再額外投資，未來營運開始後，按每年稅前收益 10%提列台鐵、捷運建設基金，形同繳納權利金給政府，被交通部列為最有利條件。

而在中華高鐵的報價書，民間投資額度為二千七百卅三億九千八百萬元，要求政府投資額度為一千四百九十五億元，加上原先政府確定出資的一千零五十七億元，總建設經費為五千二百八十六億元，比台灣高鐵多出了一千九百二十億元。

而最大的差距在於政府出資額度部分，台灣高鐵等於不須政府出半毛錢，

但中華高鐵總計要政府出資二千五百餘億元，優劣立判。

中華高鐵質疑，由於兩家投標廠商標單差距過大，中華高鐵主管擔心未來可能會有某種程度的風險。

交通部根據原先所擬四千四百一十九億元的預算規模，扣除土地徵收結餘，擬訂新的預算規模，總建設經費爲四千二百零五億元，除政府先前已編一千零五十七億元外，容許最大額外出資額度爲三百五十六億元，而民間出資額度訂爲二千七百九十二億元。

10-2-2　賽局推演[49]

本案中雙方面臨單次的策略選擇，對台灣高鐵團隊與中華高鐵團隊而言，各自只有一次訂定標金的機會，爲一典型的靜態賽局。其中考量的因素包括有形的成本與效益，以及無形的政府信譽。

(一)基本假設

1. 參賽者：台灣高鐵團隊與中華高鐵團隊。

2. 資訊情況：本賽局基本假設資訊情況爲資訊不完全、不對稱與確定。由於台灣高鐵掌握台灣高鐵爲台灣跨世紀工程，又爲當時全世界最大型的 BOT 案，政府有只能成功不許失敗的壓力。因此台灣高鐵將政府對高鐵成敗之信譽（reputation）考量到賽局報酬函數之中。而相對的，中華高鐵純粹從有形的收益與成本作爲投標考量。雙方在資訊情況爲資訊不完全情況下產生所掌握資訊亦呈現不對稱情況。

3. 行動過程：本賽局爲一局之靜態賽局，在雙方出示標單，完成甄審後結束。

4. 可能的策略組合：台灣高鐵團隊而言，台灣高鐵 BOT 案出價有三：高（H）、

---

[49] 本小節取材自王政準，2007，「以賽局理論與孫子兵法探討台灣高速鐵路工程 BOT 案」。國立屏東科技大學企管所碩士論文。

低（L）與特低(XL)。但對中華高鐵團隊而言，台灣高鐵 BOT 案出價有二：高（H）與低（L）。因此，本賽局的可能策略組合有 6 種，其相對應之報酬如下表之賽局方格如表 5-1 所示。

表 5-1 台灣高鐵取得標案報酬賽局方格

報酬函數： 台灣高鐵團隊/中華高鐵團隊		中華高鐵團隊	
		高	低
台灣高鐵團隊	高	(Π_1, Ω_1)	(Π_1, Ω_1-c_1)
	低	(Π_1-c_1, Ω_1)	$(\Pi_1-c_1, \Omega_1-c_1)$
	特低	$(\Pi_1-c_1-c_2+R, \Omega_1)$	$(\Pi_1-c_1-c_2+R, \Omega_1-c_1)$

註： R 代表政府信譽

(二)賽局推演

c_1 代表雙方精算下，在高標與低標下所能降低的價格，由於雙方團隊的專業程度高，彼此幾無差異，而且在競爭激烈下，$\Pi_1-c_1 \cong \Omega_1-c_1 \cong 0$。另外 c_2 為台灣高鐵團隊在考量到政府信譽下所能降低之標金。

$$\Pi_1-c_1-c_2+R \cong R-c_2$$

$$\Omega_1-c_1-c_2 \cong -c_2 < 0$$

對中華高鐵團隊而言，由於雙方團隊的專業程度高，彼此幾無差異，而且在競爭激烈下，$\Pi_1-c_1 \cong \Omega_1-c_1 \cong 0$。此為唯一的 Nash 均衡解。台灣高鐵團隊與中華高鐵團隊皆有可能得標。

但對台灣高鐵團隊而言，以超低標得標，只要 $R-c_2 > 0$ 便是有利可圖。因此唯一的 Nash 均衡解為台灣高鐵團隊與中華高鐵團隊各出（特低標, 低標），台灣高鐵團隊在考量到政府信譽下所能降低之標金，以至於由台灣高鐵團隊得標。

10-2-3 管理意涵

基於本研究的實證結果，提出下列幾項管理涵義以供參考。

1. 策略之情境

台灣高鐵團隊而言，對高鐵 BOT 案出價可能的策略有三：高（H）、低（L）與特低(XL)。但對中華高鐵團隊而言，對高鐵 BOT 案出價有二：高（H）與低（L）。因此，本賽局的可能策略組合有 6 種。對台灣高鐵團隊而言，以超低標得標，只要 $R-c_2 > 0$ 便是有利可圖。因此唯一的 Nash 均衡解爲台灣高鐵團隊與中華高鐵團隊各出（超低標, 低標），並由台灣高鐵團隊得標爲意料中事。

2. 對策略產出之影響

孫子在始計篇中，敘述「夫未戰而廟算勝者，得算多也」。制定作戰計畫後，認爲有必勝把握時，就是計畫周詳；反之若認爲無確勝把握時，就是計畫不周詳。故計畫愈周詳，則勝利愈有把握，因此多算勝于少算，少算勝于無算也。因此運用於商業競爭之中成功是完全可以預見的，正所謂「勝負立見」。

10-3 四種賽局的型態

賽局的架構可依「靜態／動態」和「完全訊息／不完全訊息」二種分類標準，分爲如表 10-3 四種不同的賽局，也因此而有相應的均衡觀念。

表 10-3 完全與不完全訊息賽局比較

	完全訊息	不完全訊息
靜態	納許均衡（NE）	貝氏納許均衡（BNE）
動態	子賽局完美納許均衡（SPNE）	完美貝氏納許均衡（PBNE） 或序列均衡（SE）

1.納許均衡(NE)

在完全訊息下，靜態賽局參賽者同時出招，參賽者同時出招的最佳反應（Simultaneous Best Responses）乃是到達均衡狀態，任何一個參賽者均無誘因單方面偏離此一最佳均衡策略。如：雙占（Duopoly）市場競爭、囚犯困境（Prisoner's Dilemma）、沙灘賣冰等等。

2.貝氏納許均衡(BNE)

在不知對手報酬且參賽者同時出招下的不完全訊息靜態賽局。參賽者知道對手可能擁有幾個策略型態，以及這些策略型態的機率分佈，當某參賽者選擇一策略為對手之給定策略的最適反應時，便達到納許均衡，稱之為貝氏納許均衡。如：判斷對手競爭手法與應對策略。

3.子賽局完美納許均衡(SPNE)

在完全訊息下，動態賽局參賽者依次出招，先出招參賽者連續出招的一組策略（complete plans of action），後出招者觀察到先出招者的行動與知道其報酬（payoff），運用擴展式賽局所得之均衡解。此一均衡解不但是整個賽局的納許均衡，而且在子賽局中的相應部份也是達成納許均衡。例子如：推出創新產品的競爭、是否以低價嚇阻新公司進入市場、併購案的出價策略（Bidding Strategy）、兩廠商的隱性勾結（Tacit Collusion）等等。

4.完美貝氏納許均衡(PBNE)

在不知對手報酬且參賽者非時出招下的不完全訊息動態賽局。參賽者了解在資訊組合下每一個先前的策略，給定對報酬與可能機率的認知，參賽者的策略是連續性理性的（Sequential Rational）行為，參賽者的均衡資訊組合由貝式法則（Bayes' rule）來修正決定的。例子如：建新生產線嚇阻新公司進入市場，新進廠商的進入策略評估。

賽局有靜態和動態，完全訊息和不完全訊息。完全訊息中的靜態賽局均衡

由納許提出。以此爲基礎，席爾登提出子賽局完美均衡（Subgame Perfect Nash Equilibrium，簡寫爲 SPNE）。另外在不完全訊息狀態下的靜態賽局可加入貝氏定理分析均衡狀態，稱爲貝氏納許均衡（Bayeisan Nash Equilibrium，簡寫爲 BNE），由哈珊伊（John Harsanyi）提出，他們三人在一九九四年共同得到諾貝爾獎。賽局架構的四個格子代表四種賽局基本狀態，都以「納許均衡」爲基礎，填滿了各式各樣的均衡觀念，「納許均衡」可以說是無所不在。

從靜態賽局到擴展式賽局，結構上，新進廠商與原有廠商彼此知道對手的可能策略，這就是以色列賽局專家奧曼教提出的共同知識：「你知、我知，第一位參賽者可以推理第二位參賽者的策略，第二位參賽者也可以推理第一位參賽者的策略。」如此便可以用來推演動態賽局的子賽局完美均衡，也就是每一位參賽者多推一步，就對手的可能反應，從而訂定出自己的最適策略，以確保自己的報酬最大。

如果我們歸納傳統的資訊類型方格（表 10-3）與奧曼對共同知識的觀點，把賽局參賽者：賽局雙方與上帝一同納入考量，便可以將賽局類型用另一種角度進行分類，其中上帝的角色與行爲決定了訊息類型（是否充分/確定），加上賽局雙方對訊息的瞭解（是否對稱），也會產生四種賽局類型，如表 10-4 所示。

表 10-4 參賽者訊息與賽局類型

類別	參賽者訊息	賽局類型
1	你知、我知、祂知	完全/確定/對稱/充分　賽局
2	你知、我不知、祂知	完全/確定/充分/不對稱　賽局
3	你不知、我知、祂知	
4	你知、我知、祂不讓你我知	對稱/不充分/不確定　賽局
5	你知、我不知、祂不讓你我知	不對稱/不充分/不確定　賽局
6	你不知、我知、祂不讓你我知	

註：不充分/不確定係指事前/事後狀態。

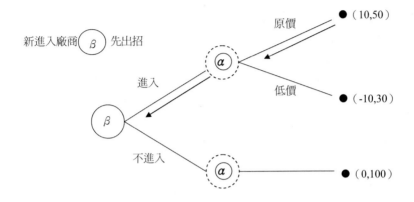

圖 10-3　新進入廠商先出招的子賽局競爭策略

10-4　先行者優勢

納許均衡的問題是均衡可能很多個，當年納許證明納許均衡存在，但未必唯一。在進入嚇阻賽局中經過先後出招，產生唯一的一個均衡。相對於圖 10-3 中新進入廠商先出招的情況，原廠商假若先出招，也會有不同策略選擇。在商場上爭取制高點、先行發言的權利非常重要，這便是「先行者的優勢」（first mover advantage）了，如圖 10-4。

當原廠商先出招時，有兩種策略選擇：原價或低價。原廠商若採取原價，新進入廠商觀察之後便思考：若進入市場則賺十億，若不進入市場則是零。新進入廠商會選擇進入。但若原廠商採取低價競銷時，新進入廠商知道後採進入則賠十億，不進入則不賺不賠，那麼會採取不進入。

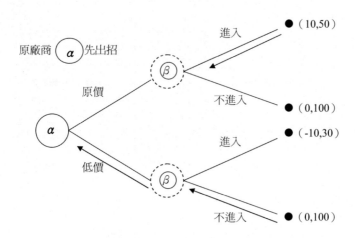

圖 10-4　原廠商先出招的子賽局競爭策略

　　與圖 10-4 比較，當原廠商先出招時，均衡的結構就產生變化了，原廠商若能搶先出招，就採取低價策略，讓新進入廠商不敢背負虧損風險。但若新進入廠商先出招進入市場，原廠商就會只好採取原價，被動讓獲利減少。出招先後影響策略選擇與報酬，但都能以「子賽局完美納許均衡」來分析。

　　再舉一個靜態賽局的例子，SOGO 和新光三越決定推或不推新行銷策略，若同時出招，則雙方均衡策略都是推出新行銷策略。如果是動態賽局的情況下，會又有什麼變化呢？

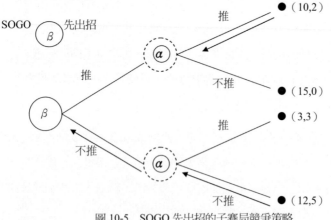

圖 10-5　SOGO 先出招的子賽局競爭策略

在圖 10-5 中，SOGO 先出招，因為報酬關係，選擇不推新行銷策略，會造成新光三越也不推新行銷策略。但在圖 10-6 中確擁有不同的均衡，當當新光三越先出招，同樣因為報酬關係，反倒造成兩者都推出新行銷策略。由此可見：一、動態賽局與靜態賽局的均衡與策略考量上考異甚大。二、在動態賽局中誰先出招對均衡影響甚大。

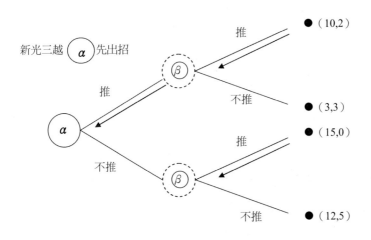

圖 10-6　新光三越先出招的子賽局競爭策略

10-5　菸價調漲之土洋大戰[50]

自從 1987 年 1 月 1 日開放洋菸進口及菸品廣告促銷後，由於洋菸商廣告手法靈活、創新，很快的吸引年輕及白領階級消費者目光，紛紛轉向購買洋菸，以致老字號台灣菸酒公司菸品銷量節節敗退，旗下品牌除「長壽」系列勉強維持原有高齡或較低收入之消費族群外，年輕及白領消費族群多已流失，產生年

---

[50]　本實例取材自國立屏東科技大學討論稿 GT0702，「菸價調漲之土洋大戰」。

齡斷層，而台灣菸品市場的龍頭地位也拱手讓給了洋菸商。一直到了 2005 年初，台灣菸酒公司積極重整旗下品牌，賦予品牌新包裝、新生命，並整合行銷及通路活動，正當該公司磨拳霍霍準備重振旗鼓之際，卻碰上菸品健康捐加倍徵收修法通過，每包菸健康捐由 5 元調整為 10 元，這不異是一嚴重打擊。在菸酒稅法修正案及 2006 年 9 月洋菸聯合調漲事件中，台灣菸酒與洋菸商合作且競爭的關係，如何搶回市占率，重新登上龍頭寶座，可謂是一場精彩的商業戰爭!

2006 年 2 月鬧得沸沸揚揚的菸酒稅法修正案，主要重點在於將菸品健康福利捐加倍徵收，紙菸每千支由徵收 250 元提高為 500 元，也就是菸品每包代收健康捐由 5 元調整為 10 元；菸絲每公斤由 250 元提高為收 500 元；雪茄每公斤由 250 元提高為 500 元；其他菸品每公斤由 250 元提高為 500 元。簡單來說，以一包菸 50 元為例，將因健康捐再調高而漲到 55 元，一條菸等於漲了 50 元，漲幅高達 10%，這對消費者及菸商都是一大衝擊。

緊接著，2006 年 9 月洋菸商終不敵原料成本上揚壓力，突然宣布每包菸再調漲 5 元，以七星香菸為例，原售價 50 元，因應健康捐調漲至 55 元，現又因原料上漲再漲至 60 元，短短半年漲幅高達 20%。此波調漲行動，台灣菸酒並未參與，仍維持於健康捐調漲後之價格。

本節藉由囚犯兩難重複賽局理論，探討台灣菸品市場不合作的寡占競爭的行為。本賽局參賽者：本土香菸製造商—台灣菸酒公司及外國香菸進口商—洋菸商，僅就 1.菸品健康福利捐加倍徵收，對台灣菸品市場的影響，本土菸品與進口菸品是否同步調漲?調幅多少?調不調漲對銷量的影響與刺激?2.面對洋菸第二波漲價，台灣菸酒不跟進，各自的考量為何?對銷量的影響為何?進一步分析土、洋菸商的競合關係。

10-5-1　參賽者介紹

一、台灣菸酒公司

　　係一國營事業，資本額 650 億元。菸事業部 2005 年營收 270 億元，年銷量 171 萬箱，市占率為 39.63%。旗下主要品牌：長壽及尊爵(原為長壽尊爵)系列，副品牌為新樂園及寶島系列，品牌數有 21 種。截至 2006 年 10 月銷量達 137 萬箱，市占率為 39.20%，以往年平均跌幅達 15%以上看來，終於止跌回穩。

　　早期該公司菸品主要消費群多為中老年人、收入較低的勞工階級，這一群人也是洋菸商永遠無法掠奪的死忠消費者，銷量最穩定就莫屬大家最熟知的「黃、白長壽」！是國產菸指標性產品，也是該公司菸品銷量最重要的品項。不過基於國營事業種種限制及保守形象，不論在菸品行銷或菸包設計上均較守舊，並長期採低價策略藉以維持黃白長壽銷量，卻從未積極耕耘年輕、白領消費族群。惟壯年會成為老年、老年有天終會隕逝，當消費客群發生嚴重斷層，再去挽救恐怕為時已晚。於是，在 2005 年初，菸事業部開始著手長壽尊爵品牌形象重塑，賦予視覺前衛的新包裝，導入科技新概念，強調品牌的尊貴及個性。歷經一年多的消費者測試與反覆修正，終在 2006 年 1 月，改版後的新菸包「Gentle 尊爵」正式問市，一上市即引起許多討論話題，自洋菸進口後，節節敗退的老字號，以復仇者之姿，蓄勢待發。首戰旗開得勝，一推出在 7-11 銷量即維持穩定成長，4 月成長率高達 20%；另根據 AC Nielsen 資料顯示，8 月市占率首度領先長年居冠的日商傑太 JTI，站上睽違已久的第一名寶座，10 月更超越 JTI 市占率 32.7%有 5%之多，到了年底市占率已高達 38.3%，成功搶下原為洋菸商版圖的白領階級消費群，也讓洋菸商不得不刮目相看，嚴陣以待。

二、洋菸商

　　包含日本傑太煙草(JTI)、英美菸草(BAT)、帝國菸草(IMP)、菲利普莫里斯(PMI)等，共 29 個主要品牌、88 個副品牌。產品多定位在尊貴、質感、高品位，消費客群多為白領階級及年輕或首度嘗試吸菸人口。2005 年銷量 260 萬箱，市占率為 60.37%，截至 2006 年 10 月銷量 212 萬箱，市占率為 60.80%。

表 10-5 各家進口菸品截至 2006 年 8 月主要明細

菸商	主要品牌	副品牌	總品牌數	總品項數	市占率%
JTI	七星 峰 Salem	雲斯頓 和平 YSL	6	19	35.6
BAT	登喜路 寶馬	555 Vogue	4	14	8.3
IMP	大衛 杜夫	Boss West	3	17	11.2
PMI	萬寶路 藍星	維珍妮 百樂門	4	13	7.8
Other	金鹿 樂迪	沙邦妮 紅雙喜	12	25	0.7

資料來源：台灣菸酒公司菸事業部、AC Nielsen 95 年 8 月台灣香菸市場動態分析。

10-5-2 賽局推演

若以一包菸平均價格為50元，僅反應健康捐調漲5元，每包菸由50元漲至55元，漲幅10%；若再反應稅負及其他成本，且菸品的訂價多以5元為一級數，一口氣調漲10元，每包菸由50元漲到60元，漲幅則高達20%。依國立中興大學應用經濟學系教授黃琮琪等四位聯名發表之「菸品健康福利捐對香菸消費量及產業之影響」[51]研究報告顯示：在國產、進口菸的價格彈性-0.645及-0.818的前提下，若健康福利捐再調漲5元，將使國人平均每人國產香菸及進口香菸消費再減少4.25包及4.93包，合計平均每人的香菸消費量減少9.18包，平均每人香菸消費量減少8.58%，此時新的香菸消費量減少至17.9億包(以2004年人口計算，約合358萬箱)。由上述研究報告得知，健康捐的調漲對國產及進口菸都是一大挑戰，調不調漲?漲多少?雙方無不卯足全力推演自身及對方可能策略，避免因這場價格戰流失原有消費者，更期待能藉由這場價格戰吸收到對方客群。

面對即將調漲的健康捐，台灣菸酒及洋菸商首度合作，表示「一定會反映

---

[51] 農業經濟半年刊，94 年 12 月。

漲價」。表面上雖各有盤算，爭戰得你死我活，雙方都想利用此次健康捐調漲事件，將危機化為轉機，尤其台灣菸酒公司正面臨菸包改版考驗，新菸包才登場，消費者仍感陌生，若僅台灣菸酒公司菸品漲價，洋菸不漲，擔心消費者的流失恐怕更多；而洋菸商也考量，改版後的「Gentle」品牌頗具年輕化與國際化，有與洋菸互別苗頭之味，如果洋菸反應成本漲價菸價，而本土品牌菸品以不調漲來做促銷活動，恐會侵蝕到洋菸的客戶。首先由台灣菸酒基於龍頭老大地位先出招，可以選擇調漲或不調漲，若選擇不調漲的報酬為 2，洋菸的報酬為 1，所以洋菸一定會跟進調漲，報酬為(4，4)。故台灣菸酒公司率先宣布旗下菸品僅反應健康捐調漲 5 元，以迫使洋菸商跟進，最終作成：隱性勾結，同步調漲！

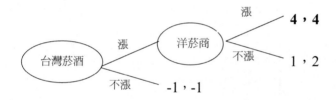

　　而在洋菸商第二波漲價之際，洋菸商曾尋求健康捐調漲模式，尋求台灣菸酒的合作，要求再同步調漲 5 元，惟本次台灣菸酒公司考量若選擇跟進調漲，因 2 月才調漲過 5 元，不到半年又要再調漲 5 元，消費者反彈恐怕很大，會產生以價制量效應，雖彌補成本卻流失部份客源，報酬為 1，若不調漲的話，報酬至少大於 1，故會選擇不合作策略，不調漲菸價，報酬為 3，除鞏固原來消費群，並希望能藉此吸納原洋菸的消費者。

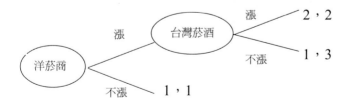

10-5-3　管理意涵

依國庫署網站統計資料，2005 年底國產菸銷量 171 萬箱、市占率 39.63%，進口洋菸 260 萬箱、市占率 60.37%，合計 431 萬箱；2006 年 10 月底國產菸銷量 137 萬箱、市占率 39.20%，進口洋菸 212 萬箱、市占率 60.80%，合計 349 萬箱，推估 95 年銷量 419 萬箱；另根據 AC Nielsen 統計資料，洋菸第二波漲價前，2006 年 2 月洋菸市占率 64.7%，台灣菸酒 35.3%，同年 9 月 1 日洋菸漲價後， 12 月底洋菸市占率 61.7%，台灣菸酒市占率 38.3%，由以上數據可得知：

1. 因應健康捐調漲，國產及進口菸同步調漲 5 元，守住各自銷量。

2. 以 2006 年 10 月底總銷量推估全年銷量 419 萬箱，減少 12 萬箱，僅衰退 2.78%，變化亦也不大。

3. 洋菸第二波調漲，台灣菸酒公司採不合作策略，維持原來售價，洋菸 2006 年底市占率衰退為 61.7%，而台灣菸酒卻成長至 38.3%，採不合作策略初步看來是成功的!

採取觀望態度的洋菸商遲遲不宣布是否隨菸品健康捐調高而調漲售價，占國內三分一銷售市場的台灣菸酒公司動向備受矚目，畢竟每包菸漲幅高達 10%，其影響程度不容小覷。在洋菸商不出招情況下，基於龍頭老大立場台灣菸酒公司握有主導權，率先宣布，調漲 31 項菸品售價，每包調漲 5 元，迫使洋菸商表態並跟進，作成同步調漲且漲幅一致的隱性勾結；面對第二波洋菸商的喊漲聲浪，台灣菸酒除顧及國營事業有穩定物價的責任，不得隨意漲價外，最重要的仍是希望能藉這波洋菸的漲價，引起洋菸消費者反彈，轉而成為台灣菸酒顧客，從中獲利。從以上數據在在證明台灣菸酒確實也達成其策略目標，一步步重返市占第一，奠定其在台灣菸品市場的地位。

11 對稱訊息的動態賽局

--子賽局的完全性

在很多賭博遊戲中，如果你一味相信自己機率的直覺，
就可能輸得很慘。

『人生無處不權謀』。賽局不但小到可適用在個人對奕上，大到產業機構
間的競爭皆可以。然而對企業競爭而言，首先要瞭解自己所處的環境爲何？以
經濟學角度來說便是市場的型態爲何？市場中的對手實力與自己在伯仲之間
還是大小差異大？每一個對手實力是否不同？基本上在賽局中參賽者的實力
必需相當才有對奕的空間，如果相差太大必須考慮使用特殊型態的賽局，如智
豬賽局、福利賽局等。本章先討論市場競爭狀態與適用賽局，後半段再討論實
力相當情況下，子賽局完全性的涵意。

11-1 市場競爭狀態與賽局

市場結構是用來描繪市場中競爭廠商的數量與特徵，在經濟學中，常以競
爭現象是否存在，及其競爭的強弱程度做爲市場分類的標準，一般而言，可分
爲下類的市場類型：

一、完全獨占市場(Individual firm)：個別廠商對於市場的價格，及某個商品或
生產要素的產銷，可以完全控制，稱爲完全獨占市場。

二、完全競爭市場(Perfect competition)：買賣雙方的競爭人重衆多，個別廠商
對商品或要素的市場價格，不能發生影響或控制作用，稱爲完全競爭市場。

三、介於完全獨占與完全競爭的市場型態，爲不完全競爭市場(Imperfect
competition)，又可分爲寡占市場與獨占競爭市場兩種型態。

經濟學者依據產業內的生產者數目或企業數目、產品的差別程度、進入障
礙的大小，三個主要條件將其區分爲獨占(monopoly)市場、寡占市場(oligopoly)、

獨占競爭(monopolistic competition)市場、完全競爭（perfect competition）市場四種市場結構的類型，其各市場之特性如表 2-1。

表11-1　四種不同市場結構的特性比較

市場結構	廠商人數	商品差異性	進出市場障礙	價格決定能力
獨占	一家	同質	大	價格決定者
寡占	少數	同質或異質	小	頗具影響力
獨占性競爭	眾多	異質	不存在	稍具影響力
完全競爭	眾多	同質	不存在	價格接受者

資料來源：王鳳生(2003)著，「經濟學，個體生活世界之讀解」，滄海書局，初版，
2003 年 7 月，頁 8-3。

由於經營環境的差異性大，所帶給廠商經濟行為的影響，如圖11-1：

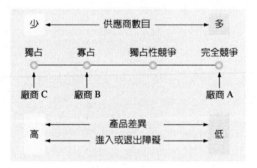

圖11-1　廠商所處市場位置的競爭連續圖

資料來源：王鳳生(2003)著，「經濟學，個體生活世界之讀解」，滄海書局，
初版，2 003 年 7 月，頁 8-3。

其中：

1. A廠商處於完全競爭市場的結構中，由於其他供應商的數目很多，在產品差異性低的環境下，進入及退出市場的障礙則低。A廠商在此環境下無議價能力，在賽局中只能扮演接招者角色，見招拆招。

2. B廠商處於寡占的市場結構中，雖其他供應商的數目不多，但產品的差異性及進出市場的障礙則高。B廠商在此環境下有議價能力，在賽局中能夠扮演出招者角色，與對手對奕。

3. C廠商處於完全獨占的市場結構中，當其他供應商的數目極少，則產品差異性及進出市場的障礙極高。C廠商在此環境下有部份議價能力，在賽局中在某個程度上可以扮演出招者角色，與對手對奕。

在本書後半段中，動態賽局與市場狀況有相當程度的關聯性：

1. 在完全競爭市場產業的結構中有很多的廠商存在，每個廠商的佔有率極小，而商品具同質性，沒有進出市場的障礙，廠商對價格沒有影響力，可運用的賽局模式有沙灘賽局與動態品質賽局。

2. 在獨占性競爭市場產業結構中有許多有效的競爭廠商存在，而最大前幾家廠商的集中度近半，最大一家的市場佔有率超過10%，沒有進出市場的障礙、商品具異質性的，部份廠商對價格有些影響力，可運用的賽局模式有沙灘賽局、靜態的智豬賽局與福利賽局。

3. 在寡占市場產業結構中，只有少數幾家廠商，而商品的差異性是同質性或異質性的，進出市場的障礙小，廠商對價格有相當的影響力，因為只有少數的廠商存在，廠商間的策略與報酬會相互影響，可運用的賽局模式有靜態的懦夫賽局、消耗賽局；動態的進入嚇阻賽局、連鎖店賽局與無限重複賽局。

4. 在完全獨占市場產業結構中，只有一家廠商，廠商有（近）100%的佔有市場，且沒有相近的競爭者，而商品的差異性是同質性的，進出市場的障礙大，廠商對價格的具有極大的影響力，可運用的賽局模式有沙灘賽局。

表 3-4 市場結構與賽局模式應用

市場結構	產業結構的分類標準	商品差異性	價格決定能力	賽局應用
完全競爭	數十家競爭廠商，每個廠商的佔有率小於3%。	同質	價格接受者	沙灘賽局 品質賽局
獨占性競爭	許多有效競爭廠商存在，最大3家廠商的集中度小於40%。	異質	稍具影響力	沙灘賽局 福利賽局 智豬賽局
寡占	二~三家廠商主導市場			
領導性廠商	一個廠商佔有50%~100% 市場，且無相近的競爭者。	同質或異質	頗具影響力	沙灘賽局 懦夫賽局 消耗賽局 進入嚇阻賽局 連鎖店賽局 無限重複賽局
高度寡占	最大3家廠商的集中度為60%~100%，容易進行勾結。			
低度寡占	最大3家廠商的集中度約為40%~60%，實際上不太容易進行勾結。			
完全獨占	一個廠商佔有100%的市場，且無相近的競爭者。	同質	價格決定者	沙灘賽局

11-2　子賽局的完全均衡

　　「子賽局完全性」是一個動態賽局下的均衡概念，立基於出招順序及均衡路徑。均衡路徑（*equilibrium path*）是沿均衡而穿越賽局樹的路徑，均衡結果是參賽者雙方的策略組合，這包含考慮參賽者對其他參賽者偏離均衡路徑的回應。這些對對手可能偏離均衡的回應對均衡路徑的決策是重要的，而且它具有影響力。例如，若另一位參賽者偏離他的均衡行動（即使從未被使用過），承諾執行某一個特定的行動所造成的威脅。

　　例如，在上一章賽局推導中，追隨領導者 I 賽局內有三個單純策略 Nash 均衡而只有一個是合理的。參賽者廣達與華碩選擇 PDA 作業系統。當廣達與華碩選擇相同作業系統時雙方報酬較大，而且經協調後選擇 Win CE 系統報酬最大。假如廣達先選，所以他的策略集合是{Palm，Win}，華碩的策略較複雜，因為他必須為每一個訊息集合對應一個行動，而華碩的訊息集合取決於廣達的選擇。華碩的策略集合一個典型要素是（Win，Palm），對應廣達選擇 Win，他也選擇 Win；對應廣達選擇 Palm 則他也選擇 Palm。從這個策略的形式我們發現可能存在三個 Nash 均衡。

均衡	策略	結果
E_1	{Win，（Win，Win）}	雙方都選擇 Win
E_2	{Win，（Win，Palm）}	雙方都選擇 Win
E_3	{ Palm，（Palm，Palm）}	雙方都選擇 Palm

　　然而其中只有均衡 E_2 是合理的。廣達先行動，且華碩被允許，也必須在廣

達行動後，重新思考他的策略，因此行動的順序與參賽者做成的決策應該有關。

我們先觀察 E_3 均衡的策略集合（Palm，Palm）。如果廣達由均衡路徑偏離而選擇 Win，而華碩仍堅持以 Palm 回應那將是不合理的也是危險的；取而代之的是，他將一樣選擇 Win。但若廣達預期以選擇 Win 做回應，一開始就會選擇 Win，而 E_3 將不會是一個均衡。同樣的論點也顯示，若華碩選擇（Win，Win）將是不合理的，所以 E_2 是一個單的一均衡。

我們視 E_1 和 E_3 是 Nash 均衡，而不是「完全」Nash 均衡。如果在所有可能路徑上，它維持是個均衡，那麼我們稱這個策略組合是完全均衡；其義意是：完全均衡不只是發生在均衡路徑，也包括其他不同的「子賽局」的所有路徑上。

子賽局（subgame）是由一個在每位參賽者訊息分割集合內是單點的一個節點，接續該節點之後的節點，和伴隨節點結束的報酬函數所構成的。

我們歸納如下：對一個子賽局而言，若符合：（a）對全體賽局而言是 Nash 均衡；而且（b）它所有關聯的行動規則對每個子賽局都是 Nash 均衡，則稱爲**子賽局完全 Nash 均衡**（*subgame perfect Nash equilibrium*）。

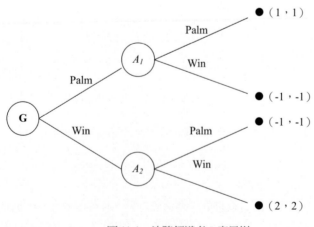

圖 11-1　追隨領導者 I 賽局樹

11-2-1 連續的理性

　　圖 11-1 追隨領導者 I 的擴展式有三個子賽局：（1）整個賽局；（2）節點 A_1 開始的子賽局；和（3）節點 A_2 開始的子賽局。策略組合 E_1 不是一個子賽局完全均衡，因為它只在子賽局（1）和（3）是 Nash，但在子賽局（2）則否。策略組合 E_3 也不是一個子賽局完全均衡，因為它只在子賽局（1）（2），但在子賽局（3）則否。策略組合 E_2 是完全的，因為它在所有三個子賽局都達到 Nash 均衡。

　　連續的理性（sequential rationality）一詞通常被用來描述一位參賽者，應該在賽局內的每一點皆持續以極大化他的報酬為念：在每一決策點重新最適化他的決策，且考慮他未來將重新最適化的事實。這是理性預期與忽略沈入成本的混合經濟概念。連續的理性是目前對達成均衡解相當標準的準則，當我們在「子賽局完全均衡」的意義上，或在不對稱訊息賽局時一個「完全貝氏均衡」的意義上，通常將提及「均衡」皆以此為標準。

　　為何完全性（通常拿掉「子賽局」這個字眼）是好的均衡概念理由之一是：它代表連續理性的概念。第二個理由是 Nash 均衡在賽局推演過程中微小改變時並不夠強。以 PDA 系統的例子來說，只要華碩確定廣達不會選擇 Win，在從未被使用的反應（若 Win 則 Palm）和（若 Palm 則 Palm）間並沒有差異，因此均衡 E_1、E_2 和 E_3 都是弱勢的 Nash 均衡。但如果存在微小改變，即使是很小的機率廣達將選擇 Palm－可能是錯誤造成的－則華碩將偏好回應（若 Palm 則 Palm），而均衡 E_1 和 E_3 就不再有效。

　　完全性是一個去除部分不夠強的弱勢均衡的方法。錯誤的極小機率被稱為顫抖（tremble），回應這個顫抖的手（tremble hand）的方法是延伸完全性的推導到不對稱訊息的賽局。

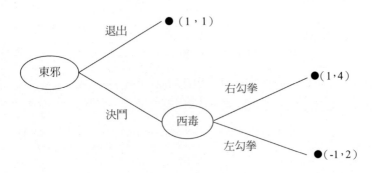

圖 11-2　顫抖賽局：顫抖的手對子賽局完

　　然而，此時我們應注意顫抖賽局分析方法與連續的理性不同。考慮圖 11-2 的東邪與西毒拳擊賽的顫抖賽局，這個賽局有三個 Nash 均衡，全都是弱勢的：（退出，決鬥）、（退出，右勾拳）和（決鬥，右勾拳），只有（退出，右勾拳）和（決鬥，右勾拳）是子賽局完全均衡，因爲雖然左勾拳是西毒對東邪決鬥的弱勢最佳反應，但若東邪選擇決鬥，它是較差的決擇。

　　在西毒先行動的子賽局中，雖然的子賽局完全均衡是西毒選擇右勾拳，然而，顫抖的機率排除（決鬥，右勾拳）爲均衡。即使西毒有很小的顫抖機會選擇左勾拳，東邪也將選擇退出來取代應付西毒的左勾拳。同時，雖然 Nash 均衡解中，西毒將選擇使用右勾拳，而非左勾拳，但若西毒發抖而選擇左勾拳，東邪將損失較大。這使得（退出，右勾拳）看似成爲唯一的均衡，因爲相對於（退出，右勾拳），（決鬥，右勾拳）而言，（決鬥，左勾拳）是西毒的優勢策略，但很小的顫抖機會可能讓東邪付出較大的代價。

11-2-2　顫抖的手：便當賽局

國內知名的超商業者於十年前爲搶攻午晚餐市場，提出 KM 便當方案。該超商爲迅速切入便當市場並掌握生產量，尋求國內部份便當工廠（一般產量爲一天 2000 顆）之合作，配合一天約 1 萬顆便當之產量。

對便當工廠而言，若不參與該案，雖然短期內尚可營運（利潤爲 1），然而在該超商切入該市場後，利潤必定爲蠶食鯨吞；若參與該案，長期而言量大穩定，不惕是一個很好的策略聯盟（利潤爲 2），雙方合作之結果理應是 Nash 均衡解，報酬爲（2,3）。因此便當工廠接受合作案擴廠經營，但由於自有資金不足向該超商借貸資金以擴充產能。

但後來市場打開後卻因爲市場吸納量變化不穩定，並不如默契上的好，因爲借貸擴廠導致虧損（-1），最後由該超商以債權相抵方式被購併，該超商後來也因此而擁有自己的便當工廠。從此一個案可以了解，不管對手是否惡意，但顫抖的手確實是推翻 Nash 均衡解的重要因素。

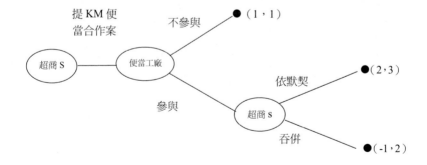

圖 11-3　顫抖賽局：超商的 KM 便當

11-3 完全性的例子：進入嚇阻 I

古彥：『臥踢之旁豈容他人酣睡？』我們現在轉換到另一個進入－嚇阻賽局，其中完全性扮演和重要的角色，參賽者利益是相互衝突的。從工業時代開始便存在一個傳統的問題：現有的獨占者決不可能受制於新進廠商的威脅，因為從事價格戰而屈服，他會對抗任何進入市場的挑戰者以維持他的地位，即使現存場商選擇和新進入者勾結，長期維持雙占是相當困難的，因為將招致市場收入由獨占水準大幅滑落。[52] 賽局理論可以巧妙地表達這個狀況。

進入嚇阻賽局 I

參賽者

兩家廠商，新進入者和現存者。

出招順序

1.新進入者決定是否進入目標市場。

2.若新進入者決定進入市場，現存者能採取與他勾結，或激烈地殺價來對打的策略。

報酬

市場利潤在獨占價格下是 200，在價格戰下是 0。進入成本是 10。雙占競爭降低市場收益到 100，而由雙方平分。

策略集合能由賽局樹中出招的順序被揭露，對新進入者是{進入，不進入}，對現存者是{若進入發生進行勾結，若進入發生對打}。

如果我們以靜態賽局方格觀察，亦即由賽局樹（圖 11-4）濃縮到賽局方格的形式（表11-1）時會有訊息遺失，我們會忽略進入者先行動的事實。後者存在兩個 Nash 均衡：（進入，勾結）與（不進入，對打）。其中（不進入，對打）是弱勢均衡，因為現存者在給定進入者將選擇進入時，立即選擇勾結。

一旦進入者已選擇進入，現存者的最佳回應是採取勾結，對打威脅策略變成不可信。但若現存者釋放出可信賴的訊息說他準備戰鬥，在這樣的情況下他永遠無須對打，因為新進入

---

[52] 據 2009/3/27 報載，中油 2008 年虧損 1,300 多億元，新任中油董事長向同業台塑集團釋出善意，希望雙方能展開全面合作。

者將選擇不進入市場。均衡（不進入，對打）是 Nash 但不符合子賽局完全，因為假如賽局是在新進入者已經進入後才開始，現存者的最佳反應是採取勾結。

完全均衡的顫抖的手可以被用在這裡進行驗證。只要確定新進入者將選擇不進入，現存者在對打和勾結策略間並沒有差異。但即使是微小的進入的可能－可能是因為進入者判斷力一時偏差－現存者若偏好「對打」，而 Nash 均衡將被打破。

完全性排除不可信的威脅，進入嚇阻賽局 I 是個好例子。如果溝通行動被加入賽局樹中，現存者也許會威脅進入者，進入將帶來對打，但進入者將忽略這個不可信的威脅。然而，若現存者可藉由某些手段（如提高產能或廣告量、率先降價）來預先承諾自己將攻擊進入者，威脅將成為可信的訊息。

表 11-1　進入嚇阻賽局方格 I

	現存者	
	勾結	對打
進入	**40，50** ←	-10，0
不進入	0，200 ↔	0，200

新進者

（新進入者，現存者）的報酬

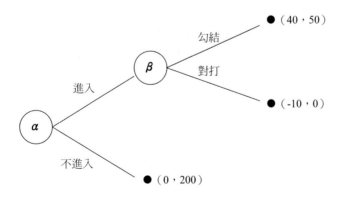

圖 11-4　進入嚇阻 I 賽局樹
（新進入者，現存者）的報酬集合

11-4 顫抖的手的均衡－馬英九任用賴幸媛

在動態賽局的推演中,「子賽局的完全性」是賽局均衡解能否達成的重要條件。子賽局完全性是好的均衡概念的理由是:因為它代表參賽者連續理性的想法;另外,考驗納許均衡在賽局微小改變時是否夠強。完全性是一個去除部分不夠強的弱勢均衡的方法。錯誤的極小機率被稱為顫抖,回應這個顫抖的手(tremble hand)的方法是延伸完全性到不對稱訊息的賽局。因此「顫抖的手的均衡」在動態賽局的推演中佔了一個相當關鍵的角色。

在台灣 2008 年總統選舉結束後,國內政壇對馬英九啟用賴幸媛擔任陸委會主委,引發相當廣泛的討論。但我們首先排除諸如:馬英九任用賴幸媛是為了尊重530萬少數選民的意見或援用李登輝人馬以平衡勝選後深藍掌控政府政策之隱憂。下文專注於馬英九在兩岸間的互動間的作為進行剖析。

自從馬英九參選時便以振興台灣經濟為主軸,不可諱言的,在振興台灣經濟的大方略中,開放兩岸三通、促進兩岸和平與合作是其中的核心問題。為了達成此一目標,國民黨以接受 92 共識做為與對岸展開溝通談判的起點(捨棄不接受92 共識之 A 路徑,以擺脫過去台灣逐漸尚失的經濟成長力),布胡熱線對談中,胡錦濤亦以接受 92 共識作為與台灣新政府談判的溝通平台。「接受 92 共識」似乎已經成為兩岸化解超過十年爭議找到最大公約數。(接受 92 共識之 B 路徑)

然而何謂「92 共識」在台灣內部就有不同的見解,陳水扁說從來沒有 92 共識;李登輝也表達過相同的論點,台聯黨黨主席黃焜輝也建議馬英九少提 92 共識。其實他們所顧慮的是「92 共識」下的「一中各表」的內涵。國內許多人擔憂面對中共這個難纏與凶惡的對手(對付西藏抗暴又一明證),深怕陷入在「92 共識」框架下,我方雖強調「各表」,但大陸卻只承認「一中」的窘局之中。

　　回想馬英九在 3 月 22 日當選中華民國總統後，開放兩岸三通、促進兩岸和平與合作的氣氛更加火熱。前有蕭萬長率團參加搏鰲論談，後有江炳坤的台商謝票之旅。就在馬英九組閣期間，不管是連爺爺還是吳伯伯，通通安排了與大陸高層互動的安排。一夕之間，兩岸間會談主導權似有逐由國共會談取代政府間的會談之趨勢。就在一面倒向中共的關鍵時刻，在馬英九任用賴幸媛。

　　在馬英九任用賴幸媛後，馬英九即定調「92 共識就是一中各表」而非「92 共識」就是「一中各表」。換句話說當然也不是：「92 共識」是「一中」與「各表」。如果此一邏輯是馬英九所要表達的核心，那麼啓用賴幸媛擔任陸委會主委便是要防止上述掉入「一中」窘局而擺下的一顆活棋。

　　在兩岸合談與合作的賽局中，依 Dixit & Nalebuff 的建議[53]：「往前看，回頭解釋」原則下，台灣「接受 92 共識」、大陸接受「一中各表」成爲雙方最佳的納許均衡解（報酬（2,3）），以取代原先的路徑（台灣逐漸衰弱、大陸逐漸強大，報酬爲（-1,1））。此一路徑爲一理性均衡解，但怕的是中共「顫抖的手」。

　　國民黨的連爺爺還是吳伯伯是一面倒向中共，認爲中共在自利行爲下必然以此爲唯一的均衡路徑。但其實恐怖的就在於此一「唯一的均衡路徑」是否有可能偏離？如果偏離（即使機率極低），我方損失是否巨大？馬英九看到了，馬英九定調「92 共識就是一中各表」在強烈告訴中共領導人，台灣接受 92 共識下（B 路徑）維一的均衡路徑在於「一中各表」（C 路徑，俗稱馬英九路線）；我方決不接受「一中」、「各表」的偏離路徑（D 路徑，我方將毫無退路）。

　　而馬英九任用賴幸媛擔任陸委會主委之用意極爲清楚，那就是台灣雖然表面上願意捨棄不接受 92 共識，但台灣仍然保留 A 路徑以防中共出現顫抖的手，台灣有所退路，亦即回到李登輝的特殊國與國關係的冷戰起點（A 路徑，俗稱李登輝路線）。

---

[53] Dixit and Nalebuff , 1991, *Thinking Strategically*. W.W. Norton and Co, p.34.

鬼谷子俾闔篇約：「聖人之在天下也，自古及今，其道一也。變化無窮，各有所歸。或陰或陽，或柔或剛，或開或閉，或弛或張。」「子賽局的完全性」運用「顫抖的手」確保納許均衡的穩定性。馬英九定調「92 共識就是一中各表」目的在告訴中共領導人對兩岸有利的均衡路徑何在；任用賴幸媛則在防止萬一中共出現「顫抖的手」時有一合理的退路，而非自陷於自己所挖的墳墓中。大智慧的領導人走大道，但作法必須有彈性：陰陽，柔剛，開閉，弛張。掌握「局為我所用，而非被局所使」的中心思維。

就如同古巴危機中，美國國防部長 Robert McNamara 告訴差一點就在封鎖古巴行動中對蘇聯貨船發出開火命令的海軍總司令：「這是一盤棋，你我都是甘迺迪總統與蘇聯對奕賽局中的棋子，在總統還沒下令前，我們誰都不准輕舉妄動。」成功阻止了一個破壞大局的顫抖的手。

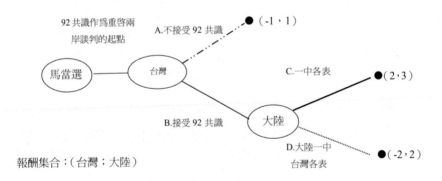

圖 11-5　馬英九任用賴幸媛的賽局樹

12 南帝與北丐之損害賠償訴訟賽局

設置懲罰的目的關鍵不是「為了懲罰而懲罰」，主要目
的在於引導對方步入合作之途。

連續的理性雖是一件簡單的想法，確是賽局理論的基本架構。『南帝與北
丐之損害賠償訴訟賽局』首先被應用在法律訴訟方面，爾後針對『以小搏大』，
雙方損傷不對等、訴訟對大者一方的名譽有巨大商害時，皆可利用『南帝與北
丐之訴訟賽局』（或稱「小蝦米對大鯨魚」、「紳士與流氓」賽局）。

所謂損害賠償訴訟是一「北丐告南帝」的賽局，北丐勝訴機率雖然微小，
但它卻可以利用社會輿論同情弱小的力量，借力使力，讓南帝承受來自外部的
社會壓力。北丐唯一可能目的似乎是庭外和解。在「北丐告南帝」的賽局中，
通常規模大者反而不利，可常見到富有的公司容易受到勒索性訴訟的威脅（如
煙害、環保…）。

12-1 南帝與北丐訴訟賽局原始模型 I

『南帝與北丐之損害賠償訴訟賽局』的建構模型如下：興訟是耗費成本
的，而且北丐勝訴機會不高，但因為辯護訴訟也是耗費成本（包括巨大的社會
成本），被告南帝也許會考慮慷慨的支付庭外和解金。

在訴訟賽局中要找一個完全均衡,模型設立者由賽局決策樹的最尾部開
始，跟隨著 Dixit & Nalebuff 的建議「往前看，回頭解釋」。

損害賠償訴訟 I：簡單的敲詐

參賽者

原告（北丐）和被告（南帝）

出招順序

1.北丐在成本 c 下決定是否提出告訴對抗南帝。

2.北丐決定一個接受或留下的和解金額提議 $s>0$。

3.南帝接受或拒絕和解提議。

4.若南帝拒絕此提議，北丐決定是否放棄或上法庭，他上法庭的成本是 k，南帝則是 d。

5.若案子上到法庭，北丐有 r 機率能贏得金額 v，否則一無所獲。

報酬

圖 12-1 表示出報酬。讓 $rv<k$，所以北丐預期的理賠是少於他上法庭的邊際成本。

完全均衡是：

　　北丐：什麼事都不做，提議和解，放棄

　　南帝：拒絕

　　結果：北丐不會提出告訴

均衡和解提議 s 可能是任何正的金額，討論均衡說明賽局所有四個節點的行動，雖然在均衡時可能只到達第一個節點。

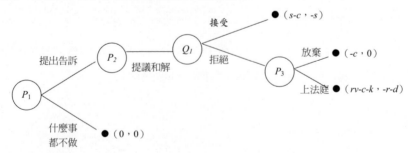

（北丐，南帝）的報酬　　　圖 12-1　損害賠償訴訟的擴展式

要找一個完全均衡，模型設立者由賽局樹的底部開始，依 Dixit & Nalebuff 的建議以「**往前看，回頭解釋**」進行賽局推導。

假如在點 P_3 上 $rv-c-k < -c$，北丐將會選擇放棄繼續上法庭，這是因為提起訴訟目的是希望能和解，而不是在法庭上獲勝。因此在節點 Q_1，預期北丐將會放棄，南帝將拒絕任何和解提議，這使北丐在 P_2 的提議成為無關緊要，而且往前看，在 P_1 選擇訴訟的報酬是$-c$，北丐會選擇一開始什麼事都不做。

所以，如果損害賠償訴訟一被提起，它必須是為了顯而易見理由外的「某個理由」，北丐的目的是希望引出想要避免（有形與無形的）訴訟成本的南帝進行和解。這個希望乍看之下似乎不高，因為對北丐而言自己也要負擔昂貴的訴訟成本，所以不能把它當作是可靠地的威脅。即使南帝的法律成本遠高於北丐的（d 遠大於 k），這希望仍是渺茫的，因為成本的相對規模差距太大。

如果參賽者有不同程度的風險趨避，報酬函數將有決定性的改變。如果南帝比北丐更趨避風險，南帝會不會答應和解？若南帝是較風險趨避者，南帝的預期損失和北丐的預期獲利將不相同，上法庭的報酬將被改為（$-c-k+rv$，$-rv-y-d$），其中 y 代表對南帝而言，風險的額外負效用。

以下，我們分別討論因為策略性的沈入成本（損害賠償訴訟 II），或因為上法庭導致的非金錢報酬（損害賠償訴訟 III）的賽局。

12-2　南帝與北丐訴訟賽局 II：策略性地使用沈入成本

稍微改變一下原始模型，在賽局中，假設北丐事前已支付他的律師金額 k，若案子和解則不能退還。不能獲得退款的約制實質上幫助了北丐。藉由更改賽局的報酬函數，北丐放棄的報酬是$-c-k$，與上法庭的報酬$-c-k+rv$ 比較。因為已投入法律成本，因此在 $rv > 0$ 條件下，也就是有任何贏的機會，北丐將決定上法庭告南帝。

依序地，在賽局中若 $s > rv$，則意味北丐將偏好和解而非等待審判，若 $s < rv+d$，南帝將喜好和解勝過等待審判，所以存在一個正的和解範圍（*settlement range*)（*rv*，*rv*+*d*），在這範圍中，參賽者雙方都願意和解；但和解的實際金額取決於雙方的議價能力。如果我們允許北丐在均衡時做出一個接受或留下的提議，和解金為 *s*=*rv*+*d*，假若 *rv*+*d*>*k*+*c*（即使 *rv*<*k*+*c*），損害賠償訴訟將被提出。所以，北丐將提起訴訟乃因為他能敲詐南帝一筆法律成本金額 *d*。

即使北丐目前能敲詐和解金，他也須付出一些成本，所以損害賠償訴訟賽局的均衡將需要以下條件：

$$-c-k+rv+d \geq 0 \qquad (12.1)$$

若不等式（12.1）是錯的，則即使北丐能敲詐南帝一筆可觀的和解金 *s*=*rv*+*d*，他也不會如此做，因為他可能在達成和解階段就必須付 *c*+*k* 的訴訟成本。這隱含著一個完全可贏得的訴訟（*r*=0）將不會被提出，除非南帝有比北丐高的法律成本（*d*>*k*）。然而，若不等式（10.1）被滿足，下面的策略組合是一個納許均衡：

北丐：訴訟，提議 *s* = *rv* + *d*，上法庭

南帝：接受 *s* ≤ *rv* + *d*

結果：北丐提出訴訟且提議和解，南帝同意此提議

對北丐所採手段的明顯還擊就是：南帝也投入他的沉沒成本，在和解談判前支付 *d*，或甚至在北丐決定前提出訴訟前便已支付。或許這可以解釋為什麼大型公司使用支領月薪而不管工作多少小時的企業內部聘顧律師，而非以小時聘用的私人律師的一個理由。若是如此，損害賠償訴訟造成可觀的社會損失－律師的時間浪費，即使訴訟從未被提起；就像窮兵黷武的霸權國家擴張世界軍隊的形式造成世界共同損失，儘管他們從未發動戰爭。

然而，試圖投入成本 *d* 的南帝面對兩個問題。第一，雖然若南帝嚇阻北丐提出訴訟可節省他 *rv*，也意味著他必須支付全額的 *d*。若北丐有絕對的議價能力，這個提議是有價值的；但若 *s* 落在和解區域的中間，它就不是。如果和解談判伴隨於 *s* 正好落在和解區域的中間，假設 *s* = *rv* + *d* / *z*，則南帝投入 *d* 去嚇

阻可能以 $rv+d/z$ 和解的損害賠償訴訟也許是不值得的。

　　其次，在訴訟中有一個行動上的不對稱性：北丐擁有是否提出訴訟的選擇。因爲北丐有主動權，他能投入 k，而且是在南帝投入 d 的選擇之前做出和解提議。南帝唯一避免這種情形的方法是也預先支付 d，但若訴訟沒有被提起，這筆支出便是浪費了。南帝可能偏好去買個法律保險，以小額的保費換取未來可能發生的訴訟的所有辯護成本。

12-3　南帝與北丐訴訟賽局Ⅲ：惡意的情感

　　賽局理論裡最重要的錯誤概念之一，與一般經濟學相同，便是忽略非理性和非金錢動機。對于前者，賽局理論便不可推導。對于後者，賽局理論的確視參賽者基本動機對模型是外生的，如果這些動機對結果重要的，且它們通常不是金錢，報酬函數便可以修正爲效用數字函數。賽局理論並非認爲偏好感覺（*feeling*）勝於金錢，它的確需要討論參賽者的情感來明確決定行動結果如何影響參賽者的效用函數。

　　情感對訴訟雙方（尤其是原告）通常是重要的。情感因素能以多種不同方式進入賽局推導中，北丐也許單純地喜歡上法庭，這可以用 $k<0$ 表示。這對許多犯罪案例而言可能是真的，又例如：因爲政治人物喜歡上新聞封面，且希望透過指控特定種類的罪犯而得到公眾的信任。2000 年和 2004 年興票案就是這種類型；不管這件案子在實際司法判決上結果爲何，希望審判能滿足公共的暴行(民粹)，並進一步影響選情。不同的動機是北丐可能從勝訴的事實得到效用，這與金錢獎賞分開的，因爲他希望輿論認爲他站在對的一方。

　　另一個訴訟的感情動機是：北丐要把傷害加諸在南帝身上的慾望，我們將稱爲「惡意」（*malice*）的動機，或許它與「義憤」（*righteous anger*）一樣不精確，對某些人而言卻十分重要。在這個案例中，北丐的效用函數放入 d 代表一個正面的論點，並將模型修正爲損害賠償訴訟Ⅲ，假設 $r=0.2$，$c=3$，$k=14$，$d=50$，和 $v=100$，而北丐將接收到 0.1 乘以南帝負的額外效用。[54]讓我們也採用稍早討論的技巧，並假設和解金 s 是在和解範圍內。訴訟被提起後的報酬是：

---

[54] 此一係數端看惡意（或義憤）傷害程度而定。

$$\pi_{原告}(被告接受) = s - c + 0.1s = 1.1s - 3 \tag{12.2}$$

和

$$\pi_{原告}(上法庭) = rv - c - p + 0.1(d + rv)$$
$$= 10 - 3 - 14 + 6 = -1 \tag{12.3}$$

依照連續理性，賽局由最後往前推：因為北丐放棄的報酬是-3，若南帝拒絕和解提議，他將上法庭。最終仍將進入審判的訴訟的全面報酬仍是-1，這比一開始就不提起訴訟的報酬 0 還糟。但若 s 夠高，提起訴訟而達成和解的報酬仍較高。若 s 大於 1.82[55]，北丐偏好和解而非審判，若 s 比 2.73 還大[56]，他偏好和解而完全不提起訴訟。

在決定和解範圍，因為訴訟被提起，適切的報酬是預期增加的報酬。北丐將在任何 s >1.82 時和解。和解範圍是（1.82, 60）[57]且 s=(60+1.82)/2=30.91（假設 z = 2）。和解提議不再是一位參賽者的最大選擇，以下均衡描述賽局推導的結果。

北丐：訴訟，上法庭

南帝：接受任何 s ≤ 60

結果：北丐訴訟且提議 s = 30.91，而南帝接受此和解金額

賽局的「完全性」在此一賽局中很重要，因為南帝希望從不和解的威脅無法被北丐相信，在給定上法庭的訴訟的預期報酬-1 下，北丐不會提出訴訟。一旦北丐提出訴訟，在剩餘的子賽局內唯一的 Nash 均衡便是：南帝接受他的和解提議；而北丐不顧他上法庭的意願，最後以庭外和解收場。當訊息是對稱的，均衡將傾向有效率。雖然北丐想要傷害南帝，他也希望確保自己的較低訴訟費用。因此，如果此舉能讓北丐節省一些訴訟成本，他願意少傷害南帝一些。

---

[55] 1.1s-3 ≥ -1, s ≥ 1.82。

[56] 1.1s-3 ≥ 0, 1.1s ≥ 3, s ≥ 2.73。

[57] rs+d = 0.1×100+50=60。

12-4 小蝦米對上大鯨魚：卡神風波

12-4-1 背景說明

楊小姐運用中信銀刷卡紅利點數八倍送、東森購物台禮券優惠，以信用卡購買六百萬元禮券轉賣親友，再於網路上刷卡買回，快速累積紅利點數到八百餘萬點，接著用這些點數兌換市價九萬元的長榮台美航線頭等艙機票，再以半價四萬五千元在網路拍賣等操作，短短兩個月獲利上百萬元，讓中信銀吃了悶虧。

雖然雙方曾見面協商，但這場小蝦米對抗大鯨魚的戰役，仍舊是陷入各自堅持，互不相讓的「無交集」窘態中。中信銀要求楊小姐將「紅利點數返還」，而楊小姐則要求中信銀必須先讓她「復卡」，並拒絕退回所獲紅利，所以爭執一直沒有落幕，前雙方僵持在各自表述的狀態。

面對建行四十年來最具挑戰性的持卡人，中信銀在經過與楊小姐溝通協調後，態度是不再對此案發表任何看法，一切都交由消基會來處理，期待協談有具體結果。

經過消基會的介入後，中信銀最後排除楊小姐有「共謀詐欺」的意圖。中信銀並沒有指控楊小姐詐欺，但是銀行必須再詳細了解楊小姐與親友們的用卡行為，才能判斷是否復卡。

12-4-2 賽局推導

中信銀如果什麼事都不做的話，則損失了幾百萬的點數，而楊小姐則是賺了幾百萬元，故設其報酬為(-100,100)；如中信銀決定提起告訴的話，而楊小姐傾向和解，若中信銀接受，則中信銀損失會較小，因有談判空間，而楊小姐也賺比較少的錢，其報酬為(-50,50)；若中信銀拒絕和解，而楊小姐放棄打官司的

話，則中信銀會被認為是比較有理的一方，楊小姐則會被認為是詐欺，其報酬為(50,-10)；若楊小姐決定要打官司到底的話，於法而言，其行為並無違法，而中信銀則會被認為是在欺負人，損害其信譽，其報酬為(-150,150)。(見圖12-2)

　　楊小姐與中信銀鬥法，雖然中信銀採取停卡與提出告訴的手段，脅迫楊小姐讓步，但楊小姐仍堅持此作法無任何違法行為，雙方僵持不下。妥協後楊小姐提出道歉針對這段期間若干不禮貌的談話，像是「中國信託是我的卡奴」、「我的卡奴跑了」之類的話向中信銀致歉，並非針對她的「刷卡行為」致歉；最後中信銀接受她的道歉，雙方達成和解。

參賽者：原告－中信銀(南帝)
　　　　被告－楊小姐(北丐)

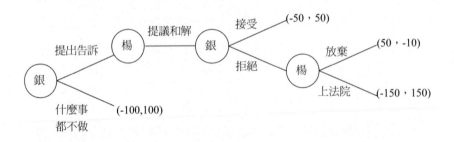

(南帝，北丐)的報酬

圖12-2　卡神楊小姐對中信金的賽局擴展式

12-5 請神容易送神難：昂貴的顧問費

12-5-1 背景說明

　　徐先生曾被 K 董極力延攬的經濟部技術處顧問，他和 H 公司簽了 2 年合約，卻無故遭資遣，一狀告上法院。這擺明了是一齣北丐告南帝的賽局。

12-5-2 賽局推導

　　首先將徐先生告 H 公司，後提議合解的序列性賽局樹畫出如圖 12-3，並依此進行推導。

　　徐先生如果什麼事都不做的話，則損失他應得之薪資，而 H 公司則是少支付 550 萬元的薪資費用，故其報酬爲(-550,550)；如徐先生決定提起告訴並傾向和解，若 H 公司接受的話，則 H 公司會支付比法庭判決結果賠償金較少的金額，損失會較小，而徐先生也將獲得比法庭判決結果賠償金較少的金額，其報酬爲(800, -800)；若 H 公司拒絕和解，而徐先生放棄打官司的話，則 H 公司會被認爲是比較有理的一方，徐先生則會被認爲是敲詐，其報酬爲(-600,600)；若徐先生堅持上法庭的話，根據其先前所簽的合約，依法合情合理，而 H 公司則會被認爲是在欺負人，危害其公司形象及信譽，其報酬爲(1100,-1100)。

　　和 H 公司官司打了 3 年多，最後宣判獲勝，H 公司必須賠償 1100 萬元，徐先生努力 3 年，終於告贏 H 公司。依約 H 公司應賠 2 年薪資 550 萬，加上 K 董答應轉成 H 公司的股票 37 張及差旅費，近 1100 萬，最高法院判決出爐，不得上訴。

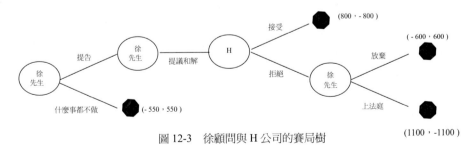

圖 12-3　徐顧問與 H 公司的賽局樹

13 信譽與對稱訊息下的重複賽局

事情一開始，就要想它的結局。

　　重複賽局是參賽者在相同的環境下重複做相同決
策的一種賽局型式，是動態賽局一個很重要的層次。其
特色是在每次重複進行賽局時，賽局的規則維持不變，
且所有變動會隨時間過去而變成「歷史」。如果重複的
次數為有限期的話，我們稱之為『有限重複賽局』；如
果重複的次數為沒有限期的話，我們稱之為『無限重複
賽局』。由於參賽者在對奕過程中所採取的對策可能傳
達出其私人訊息，因此訊息的不對稱性可能會在重複對
奕過程隨著時間而改變。

13-1 有限重複賽局與連鎖店矛盾

　　重複賽局要比「僅有一次」賽局（*one-shot game*）來得複雜許多。新進廠
商的對策仍舊是「進入」或「不進入」市場，對應原廠商的「對打」或「勾結」
策略。但不同的是，此時原廠商的策略是一套非常複雜的規則，他根據本身與
對方前一期所採取的對策，來告知（*inform*）進入者如何選擇下一步對策。

　　要求解此一賽局的明顯方法是「從一而終」，**依循 Kierkegaard 所說的：「生
命只能藉由往後回顧來了解，但卻必須藉由往前生活來延續。」**[58]**參賽者在採
取第一步行動時，必須先了解此一行動對未來各期的後續影響。**

　　假設現在重複進行「進入嚇阻 I」賽局共 20 次，在此一重複賽局中，一家
連鎖店試圖要在 20 個地區的連鎖店市場中阻止競爭者進入。依據納許均衡概
念，如果只有一個市場時，新進廠商不會受到嚇阻（報酬較佳）；但如果在 20

---

[58] Rasmusem, Eric, 1989, *Games and Information: An Introduction to Game. Theory*. Basil Blackwell, Oxford,, 3rd ed. p.109.

個市場對奕時，結果可能完全不同，因為連鎖店將會採取與第一個新進廠商對打，以嚇阻接下來 19 個潛在的進入者。

現在假設已有 19 個市場已被入侵的情況下（此時原連鎖店可能與其對打，或是採取勾結策略、不對打），則在最後一個（第 20 個）市場中的子賽局裡，參賽者雙方會發現，其所應該採取的對策與「只有一次」的「進入嚇阻 I」賽局是一樣的：也就是不管賽局過去的歷史為何，新進廠商會選擇「進入」策略，而連鎖店會選擇「勾結」策略。接著再往前推去分析倒數第二個（第 19 個）市場，由於潛在競爭者都知道原場商會與最後一個新進廠商進行勾結不對打，因此原連鎖店與新進廠商對打而欲建立殘暴的信譽，對連鎖店並不具任何效果，因此在第 19 個市場中，原廠商仍然會採取勾結的對策。接著從第 18 個市場持續往前歸納推演，一直到第 1 個市場的每次賽局均會有同樣的結果。Selten 以後學者稱之為連鎖店矛盾。（*The Chainstore Paradox*）[59]

此種往前推導（backward induction）所歸納出來的結果可確保策略組合為「子賽局完全均衡」。

13-2　重複的囚犯兩難

在單一賽局囚犯兩難賽局中，囚犯可能就最大公眾利益的想法選擇「不認罪」，但在缺乏承諾的情況下，囚犯最終會選擇「認罪」。若引用連鎖店矛盾的分析來觀察，重複賽局依然不會引發參賽者的合作行為。因為兩名囚犯在最後一次進行的賽局裡均知道，因為「認罪」行為具有「後發者優勢」，因此雙方均會以「認罪」為最佳策略。依此往前推論，在經過 18 次重複進行賽局後，不論第 19 次的結果如何，兩名囚犯在第 20 次時均會採取認罪，因此雙方在第 19 次時也會選擇相同的策略「認罪」。

事實上，自「僅有一次」的囚犯兩難賽局存在一個優勢策略均衡，由此推論出在重複進行的囚犯兩難賽局中，雙方認罪不只是均衡結果，且是唯一的 Nash 均衡結果。由此可知，在這 20 次的重複賽局中建立信譽並沒有任何意義，

[59] Selten, R., 1978, "The chain store paradox." *Theory and Decision*, 9, p. 127-159.

兩名囚犯在每一期的賽局中均會採取認罪，此為唯一的納許均衡結果。

13-2-1 建立信譽沒有任何意義

為了證明認罪是唯一的 Nash 結果，我們現在從 Nash 均衡中排除非均衡策略的連續邏輯。首先考慮在均衡路徑上，最後一期不認罪的策略不可能是 Nash 策略，因為以相同的認罪策略取代不認罪均會是優勢。而且假若在最後一期，兩名囚犯均採取認罪策略的話，則在倒數第二期，不認罪的策略也一定不是 Nash 均衡策略，因為在倒數第二期囚犯會放棄合作而以認罪取代不認罪。此一論點可依序倒推至第一期，因此我們可以在沿著均衡路徑上，排除任何不認罪的策略可能。

就像在「只有一次」賽局一樣，選擇認罪總是優勢策略，因為對於各種子賽局而言，例如，「不認罪直到對方認罪，然後接下來均認罪」，總是不認罪並非最佳反應。此外，唯一的均衡只會出現在均衡路徑上，而雙方合作屬於非均衡 Nash 策略。但若將賽局拉長沒有到期日（無限賽局），結果將有所不同，例如東邪選擇「永遠認罪」，*西毒*的最佳反應之一是「總是認罪直到*東邪*選擇不認罪達十次，然後接下來永遠不認罪」。（詳如 14 章）

13-2-2　出招先後與事前承諾的有效性

如果我們放棄均衡的概念，而允許參賽者在一開始即承諾接下來之賽局的策略，則結果是否會改變？對一個不合作的賽局，不允許參賽者有具約束力的承諾，但允許將賽局設計成參賽者雙方同時採取對策，或是一方先行動，另一方再接著行動。

如果事前承諾策略（*Precommitment*）同時被雙方採用，則有限期重複之囚犯兩難賽局的均衡結果還是認罪，因為**容許事前承諾就等於容許不完全均衡結果，對於自利的雙方而言，唯一的 Nash 均衡還是認罪。**

另一方面，如果參賽者先後出招（東邪先出招）且擁有事前承諾，那麼則結果可能有所不同。此時均衡結果必須視特定的條件而定，可能的均衡結果是：*東邪*採取對策：「不認罪直到*西毒*認罪，從此以後總是認罪」；*西毒*選擇：

「不認罪直到最後一期，然後認罪」。而我們可能看到的結果是：雙方一直不認罪，直到最後一期，*東邪*還是不認罪，但是*西毒*認罪。*東邪*之所以不認罪是因爲如果他提早選擇認罪的策略的話，*西毒*也同樣會提早開始認罪，因此，此種賽局具有「第二個行動者優勢」（*second-mover advantage*）。

13-3 贏家的詛咒？逆向歸納法的應用

再思考一個有趣的動態賽局，以瞭解何謂『逆向歸納法』：Q 公司進行某項投資計畫後，市場認爲其每股股票價值最高可能到達二十元（當然最低是 0），假若在可範圍內每個點發生的機率都相等，並只有 Q 公司本身知道其公司股票的真實價值（資訊不對稱）。當 A 公司自信入主 Q 公司後，認爲朋憑藉著更好的經營策略，可以使 Q 公司的價值增加一半。假如 A 公司決定購併 Q 公司，應該出價每股多少錢才算是合理呢？

一般人的反應可能是：既然其股價介於零到二十之間，爲了確保購併後股價可以增值一點五倍的利益。先用 20 除以 1.5，或者是出價更低一點，從 10 元到 13、14 元都可以。賽局觀點卻有所不同：出價前，你應該先思考「對手會如何反應」，再逆向歸納回來。因爲 Q 公司知道自己的真實價值，那麼要出多少價他才接受？要思考的是：萬一出價太低，對方不會接受；出價握高過該公司真實價值，對方才會接受。

假如出價 12 元，而 Q 公司接受了，那麼表示 Q 公司股的真實價值一定少於 12 元，在 0 至 12 元間都有可能，所以平均數才 6 元。那麼即使 A 公司購併 Q 公司後經營良好，得到 1.5 倍的效益，才值九元，還是比購入成本賠了三元。

換言之，當你考慮到對手的理性反應（只有高於公司真實價格 Q 公司才會接受）後，得出最適反應是出價「零元」。推導如下：如果出價 P 小於公司的真實價值 V，Q 公司根本不會接受。如果出價 P 大於公司的真實價值 V，Q 公司才可能接受出價。Q 公司接受了這個價格，而 Q 公司的真實價值 V 介於（0，P）之間，每個點的機率都相同。當 Q 公司接受後，表示 A 公司預期得到 Q 公司每股真實價值應該是 1/2P，購併後可獲價值提升爲 1/2P×1.5＝3/4P，依然賠 1/4P 元。

當然，這個如同腦筋急轉彎的敘述，在真實商場上未必吻合。但這個例子要表達的意思是「對手什麼時候（條件）會接受我？當對手接受的時候，我反而要擔心了。」當出價 12 元時，Q 公司的真實價格或許只有 8 元，才會接受我的出價。其實 8 元還不錯，只要經營得當，增值一半，還是可以達到 12 元，不賺不賠。但是，萬一 Q 公司的真實價格低於八元，那麼 A 公司的購併策略就必然賠錢。

13-3-1 爲什麼二好三壞二出局時，打者揮棒就要跑？

在棒球場上，有一個鐵律是對於二好三壞二出局一壘有人的狀況下，打擊者一揮棒時，一壘跑者一定要起跑。這個鐵律也適用在一二壘有人或滿壘時。分析如下：

一、當投手投出好球時

（一）打擊者揮棒

    1. 一壘跑者起跑

        (1) 打者全壘打：提前起跑與不提前起跑沒有差別。

        (2) 打者一壘打：提前起跑可能多得一分。

        (3) 打者二或三壘打：提前起跑可能多得一分。

        (4) 打者出局：三出局，提前起跑與不提前起跑沒有差別。

        (5) 打者界外球：依然二好三壞，提前起跑與不提前起跑沒有差別。

（二）打擊者沒揮棒

    三出局，提前起跑與不提前起跑沒有差別。

二、當投手投出壞球時

（一）打擊者揮棒：同「當投手投出好球時」。

（二）打擊者沒揮棒：保送一分，提前起跑與不提前起跑沒有差別。

因此，爲什麼二好三壞二出局一壘有人的狀況下，打擊者一揮棒時，一壘跑者一定要起跑。差就在於當投手投出好球時，打擊者揮棒且擊出安打時，提

前起跑可能多得一分。其它狀況下，提前起跑與不提前起跑沒有差別，當然對攻擊的一方也就沒有損失。

13-3-2 奧斯卡定理

『逆向歸納法』有個類似的例子是＜芝麻街＞節目裡，壞脾氣奧斯卡（Oscar the Grouch）的有趣推論。奧斯卡是個住在垃圾筒裡，整天喜歡抱怨的都會小角色。他有個有名的**「奧斯卡定理」**，奧斯卡會嘟著嘴說：**「我才不去申請芝麻街俱樂部呢！接受我的俱樂部我才不去，如果連我都接受，表示那個俱樂部素質太差了！至於不接受我的，那我也去不成啦！」**結果就是永遠都不申請參加俱樂部。

這也像在拍賣場中，激烈拍賣過程令人熱血噴張，但是當買到物品的那一刻起，其實就後悔了！這就是拍賣場有名的**「贏者的詛咒」**（*winner's curse*）。想想：為什麼我會得標？這麼多人去搶標，為什麼偏偏是自己標到？顯然是自己出價太高了，別人對此物品的評估顯然不是那麼有價值，因此我才得標！

所有的動態賽局的參賽者都要思考對手的反應。拍賣場中出席者都是理性的，假若其他人出價都低於自己，這就有問題了。這也像是標會（民間互助會）標到的感覺，其實就是自己出的利息太高啦！

13-3-3 高鐵贏家的詛咒

台灣高速鐵路自從 2007 年初開始試營運後，一開始採高價格、高速度的策略來進入市場，但一開始由於價格太高，導致搭乘的普及性也不高，對於台鐵、客運業者而言，所造成的威脅並不大，各有各的消費者市場，但是高鐵總建設成本為 6441 億，而高鐵營運 35 年後必須交由政府來接手，所以若只包括民間投資的 4800 億左右而言，高鐵要回收成本就已經很困難了，所以高鐵若沒有達到應有的載客量的話，要在 35 年內回收成本可以說是天方夜譚。

為了增加載客量，高鐵只好採取降價策略。當高鐵降價，逼迫台鐵和客運業者也要降價，首先導致航空業者於 2008 年幾乎退出北高航線；而長途客運慢慢的處於虧損邊緣。但是高鐵降價，這也導致高鐵陷入「贏者的詛咒」，因

為高鐵的價格無法反應在成本上，高鐵逼退航空業者；將台鐵和客運業者推向懸崖邊，但高鐵本身也將陷入萬丈的深淵，只能不斷的降價才能夠穩定的留住顧客。

在消滅競爭對手後，高鐵卻也傷痕累累，必須藉不斷的裁減成本以求生存。2009 年 2 月當台灣高鐵通車兩年時首度宣布將減班減薪，目的是縮減百分之廿的預算；另外，為因應逐漸下滑的載客率，高鐵班次共減一百廿六班。台灣高鐵的誕生雖宣告台灣第四次的交通革命，但也陷入贏家的詛咒，只盼不是台灣整體交通業者的的詛咒。

13-4 蜈蚣賽局

蜈蚣賽局模型的基本特徵是存在著策略組合的無窮序列，它是一種具有完整和準確信息的賽局過程，每一階段之單一賽局具備重複特性，根據賽爾坦和斯托克(Selten & Stoecker)提供的推導[60]，即使局中人意識到賽局過程將在某一回合結束，他們仍有可能維護自己的名譽。

和風談判學院主持人劉必榮指出，在企業競爭的過程中，有時候無法真正打敗對手，但競爭也不一定把對手打死，只有將競爭的局面形成一個穩定的狀態，通常是三大，或是兩大，就能夠享有獨占的利益。

這時候，如 nVIDIA 與 ATI 或可口可樂與百事可樂間形成「隱性勾結」狀態，雙方的定價、產品互動超越，共同享有市場的利潤。[61]

蜈蚣賽局適用在同時存在競合關係的賽局者，以三星電子董事長李建熙為了激勵三星的組織活力，提出了鯰魚論：「就好像放進鯰魚，田裡的泥鰍才會更肥美，適當的刺激和健全的危機意識，能讓組織更加活躍的發展。懂得留給敵人活口，給自己危機意識，將讓組織更有競爭力。」[62]

[60]　Selten, R. & Stoecker, R. , 1986, End behavior in sequences of finite Prisoner's Dilemma supergames. *Journal of Economic Behaviour and Organization*, 7, pp.47-70.

[61]　張宮熊、蘇愛玲、鄭靜雯，2004，繪圖晶片雙佔壟斷競爭策略之研究：一個賽局的觀點，花蓮：中華決策科學學會年會暨研討會。

[62]　商業週刊, 2003。反擊與競爭的生存遊戲，2003 年 10 月，頁 157-160。

*13-4-1 台灣高鐵與政府之蜈蚣賽局[63]

(一)基本假設

1. 參賽者：台灣高鐵公司；政府。

2. 資訊狀況：完全／對稱。雙方對策略內涵瞭解相同，對於雙方在不同階段下的可能策略組合之執行可能性亦瞭解，故為完全與對稱。

(二)賽局說明

1. 在高速鐵路 BOT 興建過程中，台灣政府背負著完成世紀 BOT 之信譽，但是否完工卻須仰賴承包的台灣高鐵公司是否如約完工。而台灣高鐵公司是否能如約完工卻有賴政府的協助，無形中形成生命共同體的信譽賽局。

2. 在以上台灣高鐵公司與政府的福利賽局中，政府是否協助台灣高鐵公司的意願其實與其預期進度有相當程度的關係。亦即預期其施工進度愈高，協助意願便愈高（θ）。同理，台灣高鐵公司是否願意完成此一世紀大工程與其實際進度有相當程度的關係。亦即其實際施工進度愈高，趕工意願便愈高（γ）。

3. 在台灣高鐵完工前任何一次的怠工（或停工）對台灣高鐵公司與政府的報酬（信譽）皆有損傷。對台灣高鐵公司而言，此一損傷假設等於未完工的負報酬，亦即 $\Pi' = -(1-\gamma)\Pi$；但對政府而言，任何一次的怠工（或停工）的損傷包括信譽的損傷與接手台灣高鐵公司未完工的工程成本，前者假設為實際進度與期望進度間的信譽損傷，故總合為 $\Omega' = -[(\theta-\gamma)\Omega+(1-\gamma)\Pi]$。

13-4-2 賽局推演

既然台灣高鐵公司與政府雙方已形成生命共同體的信譽賽局：在高速鐵路 BOT 興建過程中，台灣政府背負著完成世紀 BOT 之信譽，但是否完工卻須仰

[63] 本小節取材自王政準，2007，「以賽局理論與孫子兵法探討台灣高速鐵路工程 BOT 案」。國立屏東科技大學企管所碩士論文。

賴承包的台灣高鐵公司是否如約完工。而台灣高鐵公司是否能如約完工卻有賴政府的協助。因此任何一次的怠工（或停工）對台灣高鐵公司與政府的報酬（信譽）皆有損傷。雖然每一個福利賽局皆在等待對方釋出善意，但唯有達成完工成為雙方唯一的共識。因此在簽約之後已形成一個蜈蚣信譽賽局，如圖 13-1 所示。唯有同心協力完成台灣高鐵工程才是雙方的最佳策略。

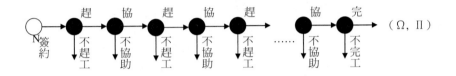

$$\{-[(\theta-\gamma)\Omega+(1-\gamma)\Pi], -(1-\gamma)\Pi\}$$

註：(1) { 　} 報酬集合為 { 政府報酬，台灣高鐵報酬 }

　　(2) γ 表實際完工比率；θ 表預期完工比率。

圖 13-1　台灣高鐵與政府之蜈蚣賽局

當台灣高鐵認為政府必然愈希望台灣高鐵能如期完工時，在政府方面是掌握資源的一方，此時將形成一個「利益共同體」：政府單位希望能順利早日完成全球矚目的世紀 BOT 創造優良政績；台灣高鐵亦希望順利完工營運，讓企業永續經營，提高企業信譽，因此所有的決策或策略執行，當然希望能獲得政府的支持，而台灣高鐵透過與政府結盟創造雙贏。

14 無限期重複賽局與民俗定理

望著腳拇指埃路的人，走不了遠路

通常在連鎖店矛盾與一般人認爲的真實世界行爲有所抵觸時，解決的方法之一就是在模型中加入「不完全訊息」。（詳見 17 章）而在分析不完全訊息之前，我們先探討有限期間的模型修正－即是將有限期重複的的賽局改爲無限期重複的賽局。所謂無限期重複的賽局（*infinitely repeated game*）指一賽局重複進行，但沒有終止的時間點（*ending point*），或者是有終止的時間點卻不明確（*uncertainly*）。

不同於有限期模型，無限期重複的賽局因爲沒有最後一期的賽局，前一章「連鎖店矛盾」所歸納出來的結論便無法有效成立。傳統上，我們可以在連續理性假設下的無限期重複的囚犯兩難賽局中，發現一個簡單的均衡結果，在此賽局中雙方會先採取合作行動，而後兩名囚犯均採取「殘酷策略」的賽局。另外在某些條件下也有可能讓「以牙還牙策略」成立。然而，**由 2006 年諾貝經濟學獎得主奧曼（Robert Aumann）提出的「無名氏定理（*Folk Theorem*）」，揭示了在無窮重複的賽局中，不斷互動、獎懲的結果，就有可能尋找出合作的均衡解。這是賽局理論經過數十年的發展，找到跳脫囚犯困境的辦法。**本章後半段將介紹如何有效脫離「殘酷策略賽局」的結局。

我們首先討論傳統賽局推導下，無限期重複的賽局可能的均衡策略。

14-1 好好先生策略

『好好先生策略』（*Goodman Strategy*）可能是無限期重複的賽局的解嗎？

持續選擇不認罪。

永遠與對手誠意合作，始終採取友善態度，而且不計代價。但是這個策

略未必是上策，因為對手可能永遠採取不友善策略，欺負好好先生。例如，當二名囚犯分開審訊時，東邪永遠承認自己罪行；西毒永遠堅持自己清白，一切罪行通通推給東邪。此一推導非常不合理，除非東邪擁有場外（桌子底下）的報酬，足以抵消單獨認罪的刑罰所受傷害。

另外，例如當你發現常光臨的某一家加油站偷油，你卻依然相信它繼續光顧，似乎不可能。因此，通常來說，好好先生策略不是一個理性的策略。常言道：「委屈求全」不可行，其實委屈無法求全。

14-2 以牙還牙策略

即使在無限期重複賽局中，雙方合作並不會立即發生，而且並不是所有懲罰認罪者的策略均是均衡解，其中以牙還牙策略（ *Tit-for-Tat* ）即是最明顯的例子。如資訊展現場只要有一家知名廠商降價，其它便跟進降價，而且無法回復原先的價格。

（1）一開始選擇不認罪。

（2）此後，在第 n 期採取對方在第 n-1 期所選擇的對策。

如果*西毒*採取以牙還牙，則*東邪*並沒有動機率先脫軌認罪，因為如果*東邪*與對方合作，則他可以一直持續得到（不認罪，不認罪）的高報酬；而如果*東邪*認罪，然後再回到以牙還牙的策略，則雙方會永遠輪流得到（認罪，不認罪）的報酬以及（不認罪，認罪）的報酬，此時對*東邪*而言，他的平均報酬會低於他維持（不認罪，不認罪）的報酬，並且陷入僅獲利一次的局面。

在無限期重複的囚犯兩難賽局中，如果不考慮折現問題，則以牙還牙策略幾乎不可能成為均衡策略，因為對*西毒*而言，懲罰*東邪*率先脫軌認罪持續交替的悲慘現象，因此*西毒*寧可不理會東邪脫軌認罪的事實。此種脫軌認罪的行動並不是來自於不認罪的均衡路徑，而是來自於不在均衡路徑上的「以認罪報復對方認罪」（*confess in response to confess*）的行為法則。同等級百貨公司與量販店之競爭常出現以牙還牙策略，如 SOGO 與微風之爭。與殘酷策略不同的是，**以牙還牙策略不會促使雙方合作。**

14-2-1 龍頭藥妝店的以牙還牙策略[64]

　　台灣目前最大的二家個人藥妝用品商店為屈臣氏與康是美，屈臣氏與康是美相較於其它的量販店來看屬性是較相同的，同樣是以個人藥妝為主，屈臣氏奉行「質高價平」雙重承諾，而康是美是統一集團旗下的一個事業部，背後資金龐大，在宗旨上強調的是人員與產品的專業以及品質上的保證，二者雖說是競爭對手，但是二者的同產品定價上卻未差很多，康是美容忍著這樣的一個方式讓二家得以在個人藥妝產業中生存著，以這樣的方式為持著二者的關係。

　　屈臣氏在行銷上面一直主打著低價的方式，而康是美來說是較少做低價的方式，而在屈臣氏未推出強烈的方案時，某些商品會較康是美低但未低太多，所以雙方並未打亂彼此間的範圍，但是在屈臣氏推出廣告促銷時，強烈的標語，影響到康是美。

　　而這二家在行銷低價上面來套以牙還牙策略分析如下：

(1)康是美（屈臣氏）一開始不做促銷活動

(2)此後，在第 n 期採取對方在第 n-1 其所選擇的對策

　　在二○○二年時，屈臣氏當時以「我敢發誓」系列廣告，成功奠定低價形象，打入消費者的市場，在同一天同一產品進行與其它周邊商店進行比較，若較高可退 2 倍差價。在店內約有超過 6,000 項商品標有黃標，歡迎顧客與量販店、超市等各大聯鎖店進行比價。如果買貴了，屈臣氏則以現金奉還 2 倍差價，屈臣氏特別選出前 150 名業績占屈臣氏 10% 的基本款民生用品，做為主打商品。除了擁有「黃標，買貴退 2 倍差價」的價格承諾外，更掛有『降$』標示牌，務必即時反應市場最低價。「降！降！降！」強打商品一字排開，包括有歐蕾、多芬、白蘭氏等各品牌之長銷性商品，在促銷中宣稱自己所販售的各類日用品最便宜，否則退給消費者兩倍的差價，因為**「我敢發誓」讓屈臣氏的業績足足的成長了 30%**。當時推出的行銷手法，衝擊者市場，而這樣的廣告詞也讓同產業的康是美受到了影響，使原本共同生存的環境被屈臣氏的強勢廣告行銷打亂了，面對**屈臣氏，康是美以 6.6 折及 66 元的超低優惠價格以牙還牙的手法來吸**

---

[64]　本實例取材自國立屏東科技大學討論稿 GT0809「以牙還牙----屈臣氏與康是美為例」。

引顧客，來因應屈臣氏的攻勢，雖說主打最低價，但是兩者的商品價格也未差很多，因此屈臣氏與康是美又回到了原本的相處環境。

屈臣氏認為，競爭愈來愈激烈、顧客荷包愈來愈小，要抓住顧客的心，先要了解顧客最在意的什麼 。根據消費者調查結果，顧客一怕買貴了、二怕買錯了，然而在二〇〇八年時，打出了**「我敢發誓，日用品保證最便宜」**的廣告主張，除了這個價格行銷活動，還加上了「買貴退兩倍差價」，這個行銷廣告非常成功，面對屈臣氏的來勢洶洶，又再次破壞了兩者之間的相處，於是康是美提出了廣告不實的控告，來打擊屈臣氏，雖說敗訴，但是也讓消費者更加的注意到，屈臣氏並非是最便宜，此外在 2008 年屈臣氏也推出了部份商品買一件加一元就送一件，而後康是美也相繼推出了相同策略，部份商品買一件加一元就送一件。

如果康是美採取以牙還牙，而又回到雙方價錢相差不多，皆以低價為主，則屈臣氏並沒有動機率先推出再低價，因為如果康是美不採取低價，則屈臣氏就可以一直以現存較低一點的價格，雙方容忍的價格得到(促銷，不促銷)的高報酬；而如果屈臣氏採取強烈的廣告低價行銷，而後回到康是美會以牙還牙的策略回報，而這樣的賽局會一直處於不隱定的情況，隨時會有人偏離原有的情況，但也會因為以牙還牙獲利不佳的情況回到均衡的情況。

14-2-2　經紀公司與名模的以牙還牙策略[65]

目前台灣名模經紀公司有三大龍頭，包括凱渥、伊林、千姿等，旗下所發掘的都是時下台灣最 TOP 的名模。例如：凱渥有林志玲王牌，伊林則有林嘉綺、蔡淑臻、陳思璇、黃志偉等，而千姿則有蕭薔。

縱使擁有 model 的潛能、特質，但沒有名模經紀公司的栽培，也難以大放異彩；然而，就算有再好的名模經紀公司，若沒有優質的 model，也是枉然。

不過，要培養出一位名模來，名模經紀公司得花時間去尋才、投資龐大的時間、經費(catwalk、儀態、化妝等培訓課程)。雖然名模經紀公司可藉由高額抽成來獲利，不過投資 model 的風險卻愈來愈大，當 model 爆紅、成為被鎂光

---

[65]本實例取材自國立屏東科技大學討論稿 GT0810「名模經紀公司 vs.名模-以牙還牙策略分析」。

燈追逐的搶手名模時，就會開始要求抽成比例下降、跳槽甚至自立門戶。

然而，Model 與名模經紀公司簽約，雖然曝光率大增、知名度大開、價碼也水漲船高，但卻面臨名模經紀公司大大抽成以及就算被冷凍，自己也不可以私下接活動的困境。

因此，本個案以「名模經紀公司 vs.名模」為以牙還牙策略分析，參賽者為 K 公司與名模 ST。

1. 名模 ST（K 公司）一開始選擇續約。
2. 此後，在第 n 期後採取對方在第 n-1 期所選擇的對策。

如果名模經紀公司採取以牙還牙，則名模 ST 並沒有動機率先脫軌更改合約，因為如果名模 ST 與名模經紀公司續約，則他可以一直持續得到(續約，續約)的高報酬；而如果名模 ST 更改合約，回到以牙還牙的策略，則雙方會永遠輪流得到(續約，更改合約)、(更改合約，續約)的報酬，並且陷入僅獲利一次的局面。但此種脫軌更改合約的行動並不是來自於續約的均衡路徑，而是來自於不在均衡路徑上的以更改合約來報復對方更改合約。

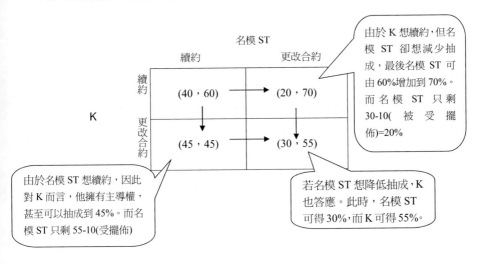

名模 ST 廣告代言接不停，光是 2007 年上半年就有千萬元入帳。於 2007 年 6 月，K 公司就先與名模 ST 洽談續約問題，當時雙方都很愉快，名模 ST 也向老闆保證會再續約，7 月雙方簽新約，而這 5 年薪合約中，K 公司對名模 ST 的抽成未變，所有代言與走秀、活動，都是抽 **40%**。不料這樣的結果，卻讓名模 ST 開始反悔。

報導指出，名模 ST 知道名模林小姐只給 K 公司抽 **10%**之後，心中產生不平衡感，覺得自己被抽 40%實在太高。名模 ST 私底下也跟朋友抱怨，K 公司對她的抽成簡直有如吸血鬼，尤其她現在貴為 K 公司一姐，更應該被善待。名模 ST 於 8 月便向 K 公司提出要求，希望抽成可以改為 **25%~30%**，令 K 公司感到相當錯愕，認為雙方已簽訂合約，也努力達到名模 ST「1 年賺 8 百萬」的要求。

隨後，名模 ST 的要求令 K 公司對她做出冷凍的動作，9 月份工作明顯變少。直到 10 月名模 ST 與 K 公司達成共識，新合約將抽成改為 **30%**，表面上 K 公司讓了步，滿足名模 ST 需求，但實際上 K 公司深怕日後名模 ST 會像 JL 妹妹一樣意見多又難搞，所以決定讓她與小白公平競爭。而小白成績也不錯，但為避免名模 ST 獨大，乾脆一起捧紅兩人，制衡彼此。

然而，名模 ST 經過這次的合約事件，雖然新合約上已將抽成由 40%降到 30%，但名模 ST 被冷凍、低潮過後，名模 ST 現在也更加懂得珍惜，未來在續約時也會更加僅慎。

(名模 ST，K 公司)的動態賽局，其賽局下格樹如下：

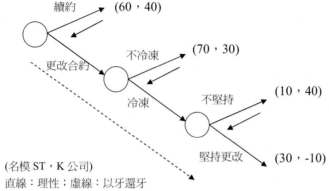

續約 → (60，40)

更改合約

不冷凍 → (70，30)

冷凍

不堅持 → (10，40)

堅持更改 → (30，-10)

(名模 ST，K 公司)
直線：理性；虛線：以牙還牙

當妳(名模)不乖時，我(名模經紀公司)就懲罰你；若妳(名模)願意更改心意，我(名模經紀公司)會原諒妳，但條件重談。而當我(名模)已大紫大紅時，你(名模經紀公司)卻待我不好，我(名模)也會開始進一步的要求。因此，就名模經紀公司及名模而言，其實是種動態且不穩定的策略。名模經紀公司面對 model 的態度也開始轉變，不再只是捧紅特定某一人，而是要讓對方清楚的明白，公司就算沒有了她/他，還是有其他人可以頂替她/他的位置。而明模也盡全力的表現，讓公司了解她/他的重要性，因為有了她/他，公司不僅帶來名聲，也帶來龐大的獲利，公司不應對她/他過於苛刻。

14-3　殘酷策略

殘酷策略（**Grim Strategy**）指的是：即使是率先脫軌選擇認罪（發現對方背叛）的這個人，他會在從此以後選擇認罪（報復）。程序如下：

（1）一開始先選擇不認罪。

（2）我方持續選擇不認罪，一直到對方選擇認罪，從此我方以後永遠選擇認罪。

生活裡常見的事便是當你發現某一商家販賣物品不實時，我們除了感覺受

騙外，通常就是發誓不再被騙。例如當你發現某一家加油站偷油(如：加不實添加劑或油表有假)，消費者後續反應就是從此以後不再光臨此一加油站。

如果西毒使用殘酷策略，則殘酷策略也微弱地算是東邪的最佳反應，如果東邪與對方合作，他會一直持續得到（不認罪，不認罪）的高報酬。而如果東邪選擇認罪，則他可以得到一次（認罪，不認罪）的更高報酬，但從此以後，他所能期盼得到最好的也只有（認罪，認罪）的報酬。

14-3-1 殘酷策略-國道客運的廝殺[66]

在 2006 年，國道客運業者們感受到油價的上漲壓力，紛紛向交通部建請提高票價的要求。到了 2008 年，油價已突破每桶 127 美元的天價，結果國道客運業者們為了對抗高鐵「平日 64 折(商務艙)以及自由座 72 折」的優惠策略，竟然又開始陷入了價格戰的無間地獄。

過去國道客運業者多次以價格戰競爭，上一波是在農曆春節期間的廝殺，而本次引起價格戰的主因，客運業者口徑一致地指向高鐵，如下圖：

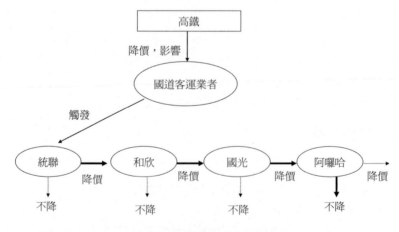

圖 14-1 國道客運業者的殘酷策略

---

[66] 本實例取材自國立屏東科技大學討論稿 GT0808「無限期重複賽局的殘酷策略-國道客運的廝殺」

高鐵的週一~週四自由座為 72 折，台北到台中只要 500 元；到台南 970 元，到高雄為 1070 元。商務艙則是下殺到了 1560 元之譜，幾乎是原訂價的一半。當初客運業者一聽到這件事都感到都紛紛感到不可置信。但也有另一個聲音出來說，這可能只是把高鐵當藉口來打價格戰。

不論如何，若是沒有一家業者先動作，其他國道業者就按兵不動(一開始先選擇不認罪)，但是當有某家業者率先降價：持悠遊卡買台北-台中的車票只要 153 元，這麼一來，啟動了殘酷策略(我方持續選擇不認罪，一直到對方選擇認罪，從此我方以後永遠選擇認罪)。

當一方先選擇了降價，那麼他只能在一開始得到好處，接下來只能期待同業用相同的策略來因應。例如本次個案當中，就輪到了和×降價，不需悠遊卡就降到 168 元；然後國×也加入戰局，台北-台南竟然只要 200 元。× 囉哈是唯一選擇不跟進的業者，維持原價，北中優惠時段維持原價 385 元。使用了殘酷策略後，能帶來多少效益還不曉得，但情況恐怕陷入一個無限期的重複賽局，最後同業之中沒有人得利。

14-4　無名氏定理（或稱民俗定理）

很遺憾地，在無限期賽局的至少一種策略下，雖然永遠合作是一種均衡結果，但事實上其他包括永遠認罪也是另一種均衡結果。此種均衡結果的多樣性被總結於無名氏定理中。

由 2006 年諾貝經濟學獎得主奧曼（Robert Aumann）提出的「無名氏定理（Folk Theorem）」，揭示了在無窮重複的賽局中，不斷互動、獎懲的結果，就有可能尋找出合作的均衡解。這是賽局理論經過數十年的發展，找到跳脫囚犯困境的辦法。奧曼認為民俗定理意指非約定俗成的共識、早已存在，非由他或某個學者提出，因此稱之為無名氏（民俗）定理。

奧曼指出了單調重複賽局的豐富策略，參賽者可依過去行動歷史中，找尋、制定相應的獎勵或懲罰策略，從而在單次賽局中趨向合作，以換取對手的信任

和未來的合作，目的是為雙方長期獲得較佳的報酬。這項研究，提供了跳脫「囚犯困境」的一個可能；這種由衝突可能走向合作的機制，在 1959 年時首度寫入了論文。

觀察在 n 個參賽者的一個無限期重複的賽局中，在每一次重複進行時的行動組合數目是有限的。任何有限期重複賽局中所觀察到的任何行動組合，均是某些子賽局均衡的唯一結果。有二個先決條件影響到均衡結果：

條件 1：時間偏好率為零，或是時間偏好率為正但相當小。

條件 2：賽局在任何一次重複進行時，結束的機率為零，或是機率為正但非常小。

民俗定理所要告訴我們的是：**在無限期重複的賽局中，均衡結果雖不太可能有特殊行為出現，但卻可以經過互動產生合作機制。在賽局維持無限期地重複進行時，我們總是可以找到對雙方更好的結果，即使懲罰的行為會傷害本身與對方，但也是一種必要手段。**任何有限的期間與永恆比較起來均是顯得微不足道的，因此未來可能遭到報復的威脅，會使得參賽者願意採取必要的回應行動。

14-4-1 折現率

民俗定理幫助我們了解，將未來報酬折現是否會減輕「最後一期」所造成的影響。當考慮折現率後，相對而言，選擇認罪（合作）所得到之當期利益的權數會較高，而選擇合作（認罪）後所得到之未來利益的權數會較低。如果折現率非常高的話，則此一賽局幾乎等同於「僅有一次」的賽局。例如在實質利率等於 100% 下，則明年的一筆報酬只比 100 年後的報酬好一點而已。因此，明年的事便顯得無關緊要了。換句話說，任何重複的賽局通常要假設折現率不高。

折現率假若等於零，可支持許多均衡結果；但如果折現率過高，則永遠認罪會成為唯一的均衡解。例如訴頌事件拖延太久，疑犯所採取的策略便是永遠不認罪。這也是為何重大刑案需要速審速決的原因。

我們針對特定個案可以計算出折現的參數臨界值。在殘酷策略中均衡報酬為當期報酬 5 加上其後之賽局的價值，由年金未來值因子公式可得其值為 5/r。如果*西毒*首先認罪，他會得到當期報酬 10，但其後之賽局的價值會下降為 0。由方程式 5 + 5/r = 10 + 0 可解出折現率的臨界值為 r = 1，也就是 100% 的折現率。除非參賽者特別沒有耐心，否則應該不會採取認罪的對策：不認罪遠比認罪的報酬來得高。

	0	1	2	t	t+1
好好先生策略	0	0	0...............	0	0.....
先下手為強策略	10	0	....	....	
殘酷策略	5	5	5	10	0........
以牙還牙策略	5	5	5	0	5........ ?

14-4-2 賽局結束的機率

前節有關時間偏好的分析結果相當清楚明確，但令人意外的是，其結果卻沒有很大差異。事實上，我們甚至可以假設賽局結束的機率 θ 隨著時間變動，但它並不會變得太太。

假設賽局在每一期結束的機率為 θ，θ > 0，則賽局在有限期內結束的機率雖然為一（一定會結束）；或者從較單純的方面來看，經過折現過的無限期賽局結果，仍會與有限重複次數進行賽局的預期結果相類似。然而如果說無論之前的賽局已進行過幾期，未來重複進行賽局的預期次數總是相當大，自然，此一賽局仍然沒有最後一期，同時無論已重複進行的次數超出預期次數多少，每一期賽局的進行如同全新的第一期，均可能徹底改變結果。

下列兩種情況彼此間有很大的差異：

A. 賽局在 T 期前不確定的時點結束－確定的有限賽局。

B. 賽局結束的機率為固定－但不確定的有限賽局。

在第 A 狀況下的賽局很像「確定的有限賽局」，因為隨著時間過去，賽局進行期間的最大長度會逐漸縮減為零。在第 B 狀況下的賽局，為一「不確定結束的有限賽局」。即使賽局在 T 期之前結束的機率很高，但如果實際上賽局一直延續到 T 期時，此賽局看起來仍相當於在第 0 期。聖歌「驚奇的恩典」(amazing grace) 將此一情況形容地非常貼切（基督徒認定它應該適用於 θ=0 的賽局）：

當我們已經來到此地十年

如同陽光的閃耀般

我們歌詠上帝的日子

並沒有少於我們最初到此時

14-5 如何脫離囚犯困境？

艾克索洛（Robert Axelord）設計一個企業模擬競賽，接受各種不同的動態策略，可以採取 A、B、C 策略或其他任何策略或任何組合。譬如說，偏離合作均衡一次、二次可接受，但三次不接受，或者採取跟隨策略，但報復二期，到了第三期又回復合作等等。[67]

這個模擬賽局的實驗結果發現，「跟隨策略」是利潤最高的，廠商的生存能力最強。像好好先生策略是無條件的信任對手亦被利用，很快就出局了；觸發性報復（殘酷策略）是對手出錯就永遠記仇，很快就會因為利潤太低而被市場淘汰出局；跟隨策略有賞有罰，記仇也是有限度的，結果是最有利。

14-5-1 勾結的可能性與條件

用報復策略或跟隨策略均可以獲得合作均衡解，但隱性勾結的成功還是有條件的：首先是；到期日若是完全確定時，勾結難以形成。比方說，確定對奕

---

[67] Axelrod, R. , 1984, *The Evolution of Cooperation*. ISBN 0-465-02121-2

十次，在第九次的時候，僅剩下最後一次機會，沒有未來再交手的可能性，就會陷入「一次出招的囚犯困境」。另外，未來時程愈短，勾結愈見困難。因此，只有在到期日不確定或賽局是無限重複時，未來存在互動的可能性時，才有可能形成隱性勾結。

第二，對手若常不理性受到情緒影響，不理性地計算自己的報酬，卻欲從報復中獲得情緒上的滿足，隱性勾結也很難形成。所以，當參賽者都有共同（至少類似）的目標，都要求利潤最大化，才可能做為隱性勾結理性推論的基礎。比方說，如果一家廠商要求的是賺取最大利潤，但另一家廠商的目標可能不是利潤，而是擴大市場，那麼薄利多銷對前者就未必是利益，就難以與另一方形成勾結。

第三，唯有當不合作的短期利益有限，小於不合作的長期損失，才容易形成勾結。如果說，存在一種劃時代的技術研發，可以一舉打跨對手，就不容易形成勾結；高科技產業比較不容易勾結；同樣的，夕陽工業也不容易勾結，因為來日無多，沒有太多未來互動的機會。

第四，是否能有效排除其他潛在進入者？一個容易進入的產業，或者是已經不是寡佔市場，也難於勾結。亦即達成勾結家數不能太多，因為難以執行協議勾結。

第五，需求與成本較確定，參與廠商固定且數量少的時候，隱性勾結比較容易形成。在穩定產業中容易勾結，在不穩定產業不易勾結。廠商數不固定，經常互動的廠商，不了解新到廠商的反應如何，也難達到勾結。隱性勾結必須觀察得到對手的行為，要能察知對手任何偏離均衡的行為，可以有效施予懲罰。

第六，勾結的協議是否清楚。真實世界可以採取的策略很多，從定價、品質、廣告都能是勾結達成與否的基礎，比方說，訂價上的勾結策略形成，但廣告策略不同，也會形成變數。

15 信譽與單邊的囚犯兩難賽局

老鼠的目光總是盯在麥粒上。

15-1 單邊與雙邊囚犯兩難賽局

所謂的單邊囚犯兩難賽局意指：在道德危險的情況下，賽局的參賽者一方承諾對方投入更多努力，但卻無法可靠地遵守承諾。

在逆向選擇的情況下，參賽者希望證明自己的能力，但實際上卻無法做到。兩種情況的問題均是起因於對被叛（說謊）的罰則太輕，但『信譽』這個誘因為此一問題提供一個可行的解決方法。如果雙方的互動關係一直重複發生，或許其中一方（有求的一方）會希望在一開始即誠實以對、建立信譽，以期對他日後長久的報酬有所幫助。

信譽所扮演的角色與懲罰十分類似。懲罰的行為往往會使懲罰者與被懲罰者均付出很大的代價。在囚犯兩難賽局中，無限期重複的進行會促使雙方合作。而這也是『信譽』這個驅動因子（driver）的最大功能。

在原始的囚犯兩難賽局中，參賽者雙方擁有相同的策略組合，且雙方報酬呈現對稱性但不完全（無法得知對方的確卻行為）的現象，稱之為雙邊（two-sided）賽局。但在某些賽局，例如本章所談的產品品質賽局，其性質與囚犯兩難很類似但因其為不對稱性，並不符合囚犯兩難賽局的一般定義，我們可將其歸類為單邊的囚犯兩難賽局（one-sided prisoner's dilemmas）。

表 15-1 分別列出原始囚犯兩難賽局的正常形式與單邊版本。兩者最大的不同在於：在單邊囚犯兩難賽局中，至少有一人確實寧可選擇（高品質，購買）的結果，也就是相當於表 15-1b 中的（高品質，購買），而不選擇其他對策，並且擁有造成對方極大損傷的權利－「拒絕購買」。此參賽者是基於防衛心理去

做選擇，而不是同時基於防衛動機與攻擊動機，其中（0，0）的報酬經常被解釋為參賽者一方拒絕與另一方進行互動。例如，保險人不願意去購買某一家公司的保單，因為他知道該公司曾經出現過財務困難。表15-2分別列出雙邊與單邊賽局的例子，其中有三個人或以上的囚犯兩難賽局均可劃分為單邊或雙邊型態，端看賽局中是否所有參賽者均發現認罪（拒絕購買）為優勢策略。

表 15-1　囚犯兩難賽局

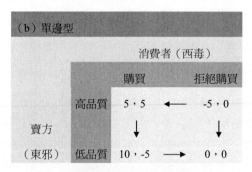

（東邪，西毒）的報酬

（賣方，消費者）的報酬

在單邊囚犯兩難賽局中，Nash 均衡與反覆優勢均衡之一是（低品質，不購買），但它並不是唯一的優勢策略均衡。如果*東邪*選擇高品質，則*西毒*也會選擇購買而得到的報酬為 5；但如果東邪選擇低品質，則西毒會選擇不購買而得到報酬為 0。然而低品質對東邪而言是屬於「弱勢優勢」，而使得（高品質，購買）成為反覆的優勢策略均衡。在兩種賽局中，參賽者雙方會互相說服對方使

其相信他會與對方合作，而在單邊賽局中促成雙方合作（如說服對方相信自己的行為但隱藏自己真正的行為）的策略也會在雙邊賽局中得到相同的結果。

例如隨著兩岸間交流更頻繁，台灣人（大陸人）到大陸（台灣）觀光區買東西，表面上，賽局均衡為『高品質-購買』；實際上為『低品質-購買』。因為這些觀光區業者認定觀光客只來一次，賺飽一次所獲得的利潤當然遠高於巴望著往後遙遙無期的再度光臨所帶來的利潤。

然而此舉無異於把損失外部化－被騙的台灣人認定所有大陸業者都是如此；被騙的大陸人也認定所有台灣業者都是如此。長期而言對業者而言卻是不利的－透過媒體宣染，其它後來的觀光客已有戒心，業者必須冒著沒有生意做的風險。為什麼日本人或先進國家洋人做生意不同？因為他們把它視為多局賽局而非單一一局賽局。

表 15-2　信譽相當重要的一些重複賽局

應用案例	單邊或雙邊型	參賽者	對策
囚犯兩難	雙邊	東邪 西毒	不認罪／認罪 不認罪／認罪
雙占	雙邊	廠商 廠商	高價／低價 高價／低價
僱用員工	雙邊	雇主 員工	發獎金／不發獎金 工作／偷懶
產品品質	單邊	消費者 賣方	購買／拒絕購買 高品質／低品質
進入嚇阻	單邊	新進廠商 原有場商	進入／不進入市場 低價／高價
財務揭露	單邊	股份公司 投資者	說實話／說謊 投資／不投資
借錢	單邊	借入者 借出者	償還／拖欠 借出／拒絕

*15-2 單邊與囚犯兩難賽局：剝削還是薄利多銷？

15-2-1 兩大定價策略

在市場行銷產品定價策略中有二大中心思考：剝削定價法（又稱刮脂定價法，market-skimming pricing）與薄利多銷定價法（又稱市場滲透定價法，Market Penetration Pricing）。

剝削定價法即將產品的價格定的較高，盡可能在產品生命初期，在競爭者研製出相似的產品以前，儘快的收回投資，並且取得相當的利潤。適用在全新產品、受專利保護的產品、需求的價格彈性小的產品、流行產品、未來市場形勢難以測定的產品等。其前題條件是「市場上存在一批購買力很強、並且對價格不敏感的消費者」。諸如外來的觀光客，對新鮮事物好奇的消費者等。

薄利多銷定價法以一個較低的產品價格打入市場，目的是在短期內加速市場成長，犧牲高毛利以預期獲得較高的銷售量及市場佔有率，進而產生顯著的成本降低效益，使成本和價格得以不斷降低。適用在有足夠大的市場需求、消費者對價格高度敏感而不是具有強烈的品牌偏好、大量生產可以產生顯著的成本經濟效益者。

剝削定價法的優點是利用豐厚利潤，使企業能夠在新產品上市之初，即能迅速收回投資，減少了投資風險。缺點是價格遠高於價值，若損害了消費者利益，容易招致公眾的反彈和消費者的抵制，採用這一定價策略必須謹慎。

以單邊囚犯兩難賽局的角度，分析業者採取剝削定價法抑或薄利多銷定價法何者較佳。以賽局方格來觀察，目前業者與消費者雙方報酬（效用）各為 Π 與 Ω。當業者採取剝削定價法（利潤為 π），但在單邊囚犯兩難賽局之信譽下，只能做成一次生意。雙方報酬（效用）各為 $\Pi+\pi$ 與 $\Omega-\pi$。（請見表 15-3）

假若業者採取薄利多銷定價法，消費者願意長期光顧，長期而言業者可以獲得 $\Pi+\gamma/i$ 的利潤（$\gamma<\pi$）；消費者因為長期信任消費，可額外獲得每次 q 的效

用，因此消費者可以獲得 $\Omega-(\gamma-q)/i$ 的效用。但如果業者採取薄利多銷定價法，消費者卻只消費一次，業者將無利可圖，消費者可以獲得 $\Omega-q/i$ 的效用。

從賽局雙方的利潤變化比較來觀察：

1. 對業者來說，若 $\pi\geq\gamma/i$，則採取剝削定價法優於薄利多銷定價法所帶來利潤；若 $\pi\leq\gamma/i$，則採取剝削定價法劣於薄利多銷定價法所帶來利潤。

2. 對消費者來說，若 $\Omega-(\gamma-q)/i\geq\Omega-q/i$，則當業者採取薄利多銷定價法時，消費者願意長期光顧消費。條件為 $\gamma-q\leq q$，$\gamma\leq q/2$ 或 $q\geq\gamma/2$。亦即當消費者因為消費，可額外獲得 q 的效用高於業者利潤一半以上時，消費者便願意長期消費。

3. 在單邊囚犯兩難賽局下，當業者採取剝削定價法：只賺一次策略下，消費者不再購買的效用（Ω）高於購買的效用（$\Omega-\pi$），消費者必然不再上當購買。

15-2-2 管理意涵

在單邊囚犯兩難賽局，消費者長期消費下，接受業者薄利多銷定價法勝於剝削定價法的條件是：

$\Omega-(\gamma-q)/i\geq\Omega-\pi$，亦即$(\gamma-q)/i\leq\pi$。

加上業者願意採取薄利多銷定價法的條件 $\pi\leq\gamma/i$。我們可以理解，一個市場存在薄利多銷定價法的條件是：

$(\gamma-q)/i\leq\pi\leq\gamma/i$

其間的空間是 q/i ，亦即消費者因為長期信任消費可額外獲得的長期效用。換言之，當消費者滿意，市場便存在薄利多銷定價的條件。當 $q=0$ 時，$\pi=\gamma/i$ ，則業者採取剝削定價法或薄利多銷定價法沒有差異。在風險考量下，業者應會偏愛一次賺飽的剝削定價法。

表 15-3 定價策略之單邊囚犯兩難賽局方格

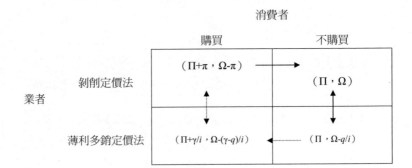

16 無限期重複的產品品質賽局

所謂的均衡，只是賽局的最「穩定」結果，或者說是最
可能出現的結果

由 14 章的無名氏定理得知，一個無限期重複的賽局可以在有限次數的期間內，存在一些均衡概念，產生可觀察的任何「特定行為模式」。對於無限期模型。因為無名氏定理只有邏輯與簡單數學推理，因此產生特定行為模式的策略可能超乎常理。此一理論的價值在於導引我們詳細審視無限期模型，因此提出模型的人必須證明除了符合均衡的邏輯要求外，還必須要能應用到經濟應用領域上。

16-1 無限期重複的賽局

在一個同質性高的的簡單模型中，生產者所生產的產品品質可高可低。賣方可選擇以高成本生產高品質產品，或是以低成本生產低品質產品，假設消費者在購買前無法分辨產品的品質，因此無品牌忠誠度的問題存在。在訊息對稱的情況下，如果賣方要生產高品質產品，則如同上一章的單邊囚犯兩難賽局所述，當賣方生產高品質產品而消費者選擇購買時，對雙方均有利；反之，賣方的弱優勢策略是生產低品質產品，而消費者拒絕購買，賣方最後必須退出市場。

在這一章中，「單邊囚犯兩難賽局」衍生為重複進行的品質賽局。在每一期，廠商可以選擇產品的品質，如果重複的次數為有限，則結果會因為連鎖店矛盾而維持不變。最後一期的子賽局相當於「只有一次」的賽局，因此廠商會選擇在最後一期生產低品質產品。陸續往前推導，在倒數第二期，由於預見最後一期的賽局結果與當期時採取的行動無關，因此廠商也會選擇生產低品質產品，由此可一路倒推到第一期的行為皆是生產低品質產品。生產低品質產品的廠商

有可能在任何一期當中（最後一期）退出市場。販賣「黑心商品」的廠商事前已知總會有一天事情會敗露（不確定時間賽局結束），但總是持續販賣黑心商品，在還沒被發現前便可享有暴利。另外像台灣在 1990 年房市泡沫前，許多建商最後一批爛房子建案，賺足後宣告倒閉。

如果賽局無限期重複進行，則不適用連鎖店矛盾。在一種穩定均衡下，廠商願意生產高品質產品，他可以在多期中賣到好價位；假若消費者一旦買到低品質產品，便會拒絕再次購買。因為生產高品質產品均衡的利潤夠高，驅使廠商不願意因為以低品質高售價欺瞞消費者獲得一次意外之財，而犧牲了往後長久獲利。消費者的行為是簡單而理性的，當他得知某廠商以低品質高售價欺瞞時便會放棄購買。發生在 2008 年轟動兩岸的毒奶粉事件便是明證：消費者拒絕再次購買、廠商倒閉。

我們可以思考一個簡單的問題：百貨公司專櫃與流動攤販有何不同？在於流動攤販與消費者交易時為唯一一局的賽局或有限賽局，但專櫃廠商卻面臨一個無限重複進行的品質賽局。

16-1-1 無限期重複的品質賽局假設

為了簡化模型所需，我們假設生產低品質產品的廠商，其邊際成本為 0，雖不合理，但不致於影響賽局推導結果；如果他選擇高品質，則邊際成本固定為 c。消費者無法得知廠商的選擇，同時廠商會將產品定價為 p。如果各家廠商沒有差別，消費者決定向哪一家廠商購買為隨機選擇。消費者在購買、消費當期，便可觀察出所有商品的品質。並影響下一期的消費行為：對低品質生產廠商不再購買並被逐出市場。

無限期產品品質賽局假設
參賽者
無限多的潛在廠商與連續理性的消費者
出招順序
1. 廠商家數為內生變數，進入市場的成本 F。
2.一家已進入市場的廠商要選擇產品品質為高或低，如果他選擇高品質，則邊際成本固定為 c；如果他選擇低品質，則邊際成本固定為 0。消費者無法得知廠商的選擇，同時廠商會將產品定價為 p。
3. 如果各家廠商沒有差別，消費者決定向哪一家廠商購買為隨機選擇。假設向第 i 家廠商購買的數量為 q_i。
4.所有消費者在購買、消費當期，即可觀察出所有商品的品質。
5.此一賽局回到程序（2）並重複進行。
報酬
消費者購買的產品其數量為 $q(p) = \sum_{i=1}^{n} q_i p$，其中 $\dfrac{dq}{dp} \prec 0$，意謂購買數量與價格呈反比；在購買時他相信此商品為高品質。當消費者買到低產品時其效益為 0。
如果廠商不進入市場，則其報酬為 0。
如果第 i 家廠商進入市場，他必須立即承擔 F 的成本。如果廠商生產低品質產品，該廠商在當期賽局結束時的報酬為 $q_i p$，如果廠商生產高品質產品，則其報酬為 $q_i(p\text{-}c)$。單期折現率 $r \geq 0$。

16-1-2 無限期重複的品質賽局推導

由無名氏定理可知此一賽局的均衡結果範圍相當廣泛，包括任何由「高品質與低品質」構成的不規律的可能產品品質過程，例如：高品質、高品質、低品質、低品質、高品質、低品質⋯⋯。如果我們將範圍限定在『單純策略均衡』（pure equilibrium）—其過程為固定品質且市場所有廠商行為均相同的「穩定均衡」結果，則只會出現的兩種結果就是高品質與低品質。「低品質」永遠是

其中的一種均衡結果，因為它是「僅有一次」賽局的均衡結果。(賣黑心商品的廠商從第一次賣黑心商品開始，便不可再去做高品質商品) 如果折現率夠低，則高品質也會是一種穩定均衡結果。我們分析買賣雙方其策略組合過程如下：

廠商：假設有 $\tilde{n}$ 家廠商進入市場，每一場商均生產高品質產品，並以 $\tilde{P}$ 價格出售。如果其中有一家廠商曾經由此一路徑脫軌，從此以後該廠商會持續生產低品質產品，並且同樣以 $\tilde{P}$ 的價格出售。$\tilde{P}$ 與 $\tilde{n}$ 的給定值，如以下之 (16-1) 式與 (16-2) 式所示。

消費者：消費者一開始在定價為 $\tilde{P}$ 的各廠商中隨機選擇購買，之後便持續向該特廠商購買，除非該家廠商調整其品質。如果該家廠商調整其品質，則買方會將購買對象隨機移轉到其他沒有調整的廠商。

此一「生產高品質產品」策略組合為一均衡結果。每家廠商會希望生產高品質產品並儘量避免殺價競爭，並享有合理的利潤。因為顧客流失後，品質高低就顯得不重要，因此一旦廠商不願維持此一均衡狀態時，即會生產低品質產品。消費者會拒絕向生產低品質的廠商購買，因為消費者知道這種廠商會持續生產低品質產品；同時買方也會拒絕向調低價格的廠商購買，因為買方知道這種廠商一定會生產低品質產品。

上述的均衡結果要有效成立的話，必須符合三個限制條件，包括：誘因相容性 (incentive compatibility)、競爭性 (competition) 與市場結清 (market clearing)，。

所謂『誘因相容性』是指：個別廠商願意生產高品質產品而非低品質產品的報酬誘因。如果廠商生產低品質產品，他會得到一次意外較大的獲利，但會失去日後的長久獲利。廠商必須在生產高品質與低品質產品之間的取捨 (生產高品質產品的誘因相容性)，如 (16-1) 式所示。

$$\frac{q_i p}{1+r} \le \frac{q_i(p-c)}{r} \tag{16-1}$$

（16-1）的不等式中，價格的低限決定於成本與邊際利潤比，它必須符合下式條件：

$$\tilde{p} \geq (1+r)c \qquad (16\text{-}2)$$

任何廠商假如定價超過保證品質的定價 $\tilde{p}$ 時，就會馬上流失所有顧客。

均衡的第二個成立條件指的是：市場競爭使得廠商無超額利潤，因此廠商決定進入或不進入市場並沒有差別。（競爭性條件）

$$\frac{q_i(p-c)}{r} = F \qquad (16\text{-}3)$$

我們如果把（16-2）式當成等式（均衡時條件）代入（16-3）式，將 p 消去，可以得到：

$$\frac{q_i[(1+r)c-c]}{r} = F, \qquad q_i c = F, \qquad q_i = \frac{F}{c}$$

$$q_i = \frac{F}{c} \qquad (16\text{-}4)$$

此一條件決定了 p 與 q_i 的值。其中 n 是由市場的供給與需求相等時決定。雖然在不對稱訊息的下，市場短期內不一定總是供需相等，但在均衡時，是市場總生產量必須等於市場總需求量，此為市場結清條件。

$$nq_i = q(p) \qquad (16\text{-}5)$$

我們再將（16-2）式、（16-4）式代入（16-5）式結合，可得出：

$$nq_i = q(p), \qquad \tilde{n} = \frac{q(p)}{q_i} = \frac{c}{F} q[(1+r)c]$$

$$\tilde{n} = \frac{cq([1+r]c)}{F} \qquad (16\text{-}6)$$

在此我們即可決定 n 的均衡值，但必須四捨五入為整數。

在上述均衡結果當中，均衡價格為固定、F 為外生變數（市場決定，例如蓋一座最先進的晶圓廠所需成本為共同已知），加上需求並不是完全彈性，因此廠商數目便可決定，且短期內不再更動。如果市場沒有進入成本（如攤販），而需求較具彈性，則均衡價格仍會符合（16-1）式中唯一的 p 值解，但 $\tilde{n}$ 與 q_i 則不確定（如攤販數量、營業額與對經濟的影響）。

如果模型中，所有消費者相信任何廠商會願意花外生成本 F 進入市場，並生產高品質產品的話，則結果會是一連續性的均衡。當然我們可以發現在個別產業中廠商數目常有變動，然而長久來看「高品質廠商生存、低品質廠商出局」應該是個通例。另外，一家擁有品牌知名度甚至忠誠度的廠商，之所以可以維持一定的市場占有率，是因為消費者不願意去嘗試新品牌的商品，與本模型並不抵觸。況且只要它改生產低品質商品，依然會遭受到被逐出市場的下場。

16-2 台灣啤酒第一階段開放的品質賽局[68]

台灣地區長期以來實施菸酒專賣制度，為國家賺進可觀的稅收，但隨著全球化、國際化浪潮吹襲下，台灣經貿發展不斷擴張，尤其在台灣加入 WTO 成為會員國後，主要啤酒進口國對台施加壓力，要求解禁，儘速開放外國啤酒進口，惟台灣政府為保護原公賣局的啤酒事業，僅規劃以漸進式分批開放外國啤酒進口，以降低對本土產業的衝擊。

1987 年 1 月台灣政府依據「中美菸酒協議書」，正式開放歐美啤酒進入台灣市場，惟附帶條件：1.每公升應繳納公賣利益新台幣 30 元，但免徵營業加值稅；2.僅能於平面媒體從事廣告宣傳，且僅能針對批發商、經銷商及零售商進

---

[68] 本節取材自黃嘉怡，2007，「台灣啤酒產業的競爭策略-賽局理論之應用」。國立屏東科技大學企管所碩士論文。

行交易促銷，不得對消費者進行直接促銷，違反者，停止該產品進口 3 至 6 個月。

16-2-1 市場概況

台灣啤酒市場開放初期，計有 146 種品牌的啤酒進口，日本麒麟公司於 1990 年也透過加拿大子公司轉道進入台灣，滲透市場。惟囿於政府對促銷政策尚未開放，進口啤酒品牌知名度較低，且運費昂貴，通路的佈建費時費力，消費者普遍接受度不高，到了 1990 年 5 月，已有 138 種品牌紛遭淘汰。

經市場變化消長，在台灣啤酒市場總量成長 11.42%情況下，進口啤酒市占率反而由 1987 年的 6.43%降至 3.95%，進口總量降幅達 31.46%。超過多數品牌紛遭淘汰，僅存的歐美啤酒仍以世界啤酒大廠的知名品牌得以生存，其中以美國 Miller、美國 Budweiser、荷蘭 Heineken、德國 Holsten、墨西哥 Corona 及丹麥 Calsberg 等，日本 Kirin 透過加拿大轉道佔有一席之地，主要品牌進口地區數量占 8 成的進口啤酒市場，如表 16-1 所示。

表 16-1　1990 年啤酒進口地區別進口量及市占率

單位：公升；%

進口地區	進口量	占總進口量比例
美國	11,387,920	61.61
德國	1,524,095	8.25
加拿大	192,744	1.04
荷蘭	1,481,610	8.02
其他	12,868,386	21.08

資料來源：游杭柳，「國際市場進入模式分析：以日本啤酒進入台灣市場為例」，靜宜大學企業管理研究所碩士論文，2001 年 12 月 14 日，頁 63。

16-2-2 學理推導與驗證

以當時台灣啤酒的市場接受度而言，罐裝啤酒 350cc 零售價約在 25~40 元

之間[69]，亦即每公石零售價約爲 7,200~11,500 元，批發價依業界慣例爲零售價八折計算，約爲 5,800~9,200 元，每公石成本以批發價八成計算[70]，約在 4,700~7,400 元之間。

亦即市場的胃納量與廠商的進入成本以及產品單位成本有關。依當時條件評估在台灣成立一家進口啤酒商約需 1 億元投入資本。以啤酒每公石成本約爲 4,700~7,400 元計算，台灣進口啤酒之胃納量約爲 109,000~171,000 公石[71]之間。考證市場資料，1987 年的進口啤酒量爲 266,210 公石，1988~1989 年在進口啤酒嘗鮮熱潮稍退後，回到 123,287 公石；1990 年日系啤酒 Kirin 經由加拿大繞道引進台灣，間接刺激進口啤酒銷量，使得進口啤酒總量回升至 182,449 公石。

每公石售價約 7,200~11,500 元，成本約爲 4,700~7,400 元，依 1987 年啤酒進口量 266,210 公石等資料，計算當時市場可存在品牌數約爲 13~20 種；另以 1990 年啤酒進口量 182,449 公石等資料，計算當時市場可存在品牌數約爲 9~14 種。考證 1987 年共設立進口啤酒品牌計 146 種，除少數係國際大廠品牌外，其餘多屬小品牌啤酒，經過一場進口啤酒間的激烈爭戰，到了 1990 年 5 月陸續有 138 種品牌退出市場，此結果與學理推導相近。

16-3　Markov 均衡與重疊世代賽局

上一節的賽局是一個半靜態賽局，本節所要討論的一個動態的序列賽局：重疊世代模型（overlapping generation model），其差別在於一連續發生的品質賽局中，不斷地有某些廠商進入市場，也有某些廠商對出，由於每一賽局的廠商是重複發生（例如前一局留下來的廠商就成爲下局的舊廠商），局跟局之間呈現重疊情況，因此稱之爲「**重疊世代賽局**」。每一局的廠商間是否生產高（低）品質商品乃隨機出現，此一賽局均衡概念稱之爲「Markov 均衡」。另外，在賽局進行中，顧客消費對象從一個廠商移轉到另一個廠商而必須付出移轉成本。故本賽局又稱爲「**顧客移轉成本賽局**」（**Customer Switching Costs Game**）[72]

---

[69] 陳淑娟，「台灣地區啤酒市場消費行爲及品牌競爭定位分析之研究」，國立交通大學經營管理研究所碩士論文，2000 年 6 月，頁 2-13、2-15 及 2-24。近十幾年來，啤酒價格變動不大。

[70] 進口啤酒成本包含出廠成本、內陸運費、出口報關費、海運費、台灣海關通關費、環保費、保險費及公賣利益費每公石 3,000 元

[71] 假設消費者隨機選擇廠商購買，依(14-4)式推算，每家廠商銷量約 13,514~21,277 公石，若依前述開放初期有 146 種品牌，1990 年 5 月有 138 種品牌遭淘汰，僅存 8 種品牌；推估而得，市場胃納量爲 13,514×8~21,277×8≒108,112~170,216 公石。

[72] 重疊世代賽局主要研究者包括 Samuelson（1958），Klemperer（1987），Farrell & Shapiro（1988）。

16-3-1 賽局假設

<table>
<tr><td colspan="2" align="center">**重疊世代賽局**</td></tr>
<tr><td colspan="2">**參賽者**</td></tr>
<tr><td colspan="2">廠商有 A 與 B 兩家,以及從新顧客到老顧客的一系列消費者。</td></tr>
<tr><td colspan="2">**出招順序**</td></tr>
<tr><td colspan="2">1a.原有廠商 B 訂定原有的產品價格為 p^i。</td></tr>
<tr><td colspan="2">1b.新進廠商 A 訂定產品的進入價格為 $p^e{}_t$。</td></tr>
<tr><td colspan="2">1c.老顧客選定一家廠商購買。</td></tr>
<tr><td colspan="2">1d.新顧客選定一家廠商購買,數目佔老顧客的比率為 θ。</td></tr>
<tr><td colspan="2">1e.無論哪家商店吸引到新顧客,既會成為市場的原有廠商。</td></tr>
<tr><td colspan="2">1f.老顧客過世後,原有的新顧客會取代成為老顧客。</td></tr>
<tr><td colspan="2">2a.回到賽局程序(1a),可能會有新界定的新進廠商與原有廠商。</td></tr>
<tr><td colspan="2">**報酬**</td></tr>
<tr><td colspan="2">假設折現率為 δ,顧客原有價值為 R,顧客移轉成本為 c。

則對於 $j=(i,e)$ 而言,在 t 期的每期報酬為:</td></tr>
<tr><td rowspan="3" align="center">$\pi_{廠商j} = $</td><td>0　如果該廠商沒有吸引到任何顧客。</td></tr>
<tr><td>p^i_t　如果該廠商只有吸引到老顧客或是新顧客。</td></tr>
<tr><td>$(1+\theta)\,p^i_t$　如果該廠商同時吸引到年長與新顧客。</td></tr>
<tr><td rowspan="2" align="center">$\pi_{年長顧客} = $</td><td>$R - p^i_t$　如果老顧客向市場原有的廠商購買。</td></tr>
<tr><td>$R - p^e_t - c$　如果老顧客移到向新廠商購買。</td></tr>
<tr><td rowspan="2" align="center">$\pi_{年輕顧客} = $</td><td>$R - p^i_t$　如果老顧客向市場原有的廠商購買。</td></tr>
<tr><td>$R - p^e_t$　如果該顧客移轉到向新廠商購買。</td></tr>
</table>

16-3-2 Markov 均衡解

要像在這種不斷重複賽局中找出所有的均衡解相當不易，如果依照 Farrell & Shapiro 的方法，將範圍限定在較爲簡單的 Markov 均衡解，則爲唯一的均衡解。[73]

> **Markov 策略（Markov strategy）**指的是在每個策略節點上，除了之前剛剛採取的策略（或多個對策）之外，參賽者所選擇的策略與過去發生的歷史無關。

在本賽局中，廠商的 Markov 策略乃是將產品定價視爲一個函數，此函數顯示該廠商是否爲原有廠商或是新進廠商，而不是將產品定價視爲整個賽局過去歷史的函數。

在本賽局中，市場中原有廠商 B 首先採取對策並選擇 p^i 使其價格低到足以讓新進商 A 不會試圖選擇定價 $p^e < p^i$-c 而搶走老顧客。如果廠商 A 選擇定價 $p^e = p^i$ 只能吸引到部份新顧客，則其利潤爲 p^i。但假如廠商 A 選擇 $p^e = p^i$-c，同時吸引到老顧客與新顧客，則其利潤爲 $(1+\theta)$ $(p^i$ -$c)$。均衡時，原有廠商 B 選擇的定價 p^i 會使得新廠商 A 在兩種策略之間感到沒有差異，其條件爲：（如式 16-7 與 16-8）

$$p^i = (1+\theta)(p^i - c) \qquad (16\text{-}7)$$

以及

$$p^i = p^e = (1+\theta)c \qquad (16\text{-}8)$$

---

[73] Farrell, J. & C. Shapiro, 1988, "Dynamic Competition with Switching Costs," *Rand Journal of Economics*, 19:123-137.

因此在均衡時，市場內的新廠商 A 與原場商 B 輪流成為市場的原有廠商，並且訂定相同的價格。價格會隨著新顧客比率（θ，市場成長空間）的增加而遞增；也就是，當市場成長空間愈大時，定價可以愈高，利潤就愈大。

此一動態賽局永遠持續下去，而且均衡策略皆為 Markov 策略。接下來，計算成為新進廠商與原有廠商的報酬。在每一期，新進廠商的均衡報酬為當期的收入 p^i 加上下一期成為原有廠商的折現值總和。（如式 16-9）

$$\pi_e^* = p^e + \delta\pi_i^* \qquad (16\text{-}9)$$

同理，原有廠商的報酬等於當期的收入 p^i 加上下一期成為新進廠商的折現值。（如式 16-10）

$$\pi_i^* = p^i + \delta\pi_e^*$$

（16-10）

我們利用（16-7）與（16-8）式 p^e 與 p^i 代入（16-9）式與（16-10）式，可以解出二個未知數 π_i^* 與 π_e^*，加上均衡時原有廠商與新進廠商皆以相同的價格出售等量的產品，因此 $\pi_i^* = \pi_e^*$，而（16-10）式變成：

$$\pi_i^* = (1+\theta)c + \delta\pi_i^* \qquad (16\text{-}11)$$

並可解出：

$$\pi_i^* = \pi_e^* = \frac{(1+\theta)c}{1-\delta} \qquad (16\text{-}12)$$

由上述均衡條件來觀察可知：**均衡價格與總報酬會隨著移轉成本 c 的增加而遞增，移轉成本代表原有廠商的市場獨佔力。**另外，**總報酬也會隨著新顧客比率（θ，市場成長空間）的增加而遞增。**當然，**總報酬也會隨著折現率 δ 的增加而遞增。**隨著 δ 趨近於 1 時，未來的報酬將隨之增值。

16-4 台灣啤酒第二階段開放的品質賽局[74]

1991-2001 年台灣啤酒市場幾乎是完全開放競爭市場，歐美及日系啤酒品牌在此階段百爭鳴，亦開啓台灣啤酒市場世代重疊的 Markov 均衡。

繼 1987 年開放歐美啤酒進口後，隔了 7 年，1994 年終於開放日本及東南亞地區啤酒進入台灣市場。除之前已經由加拿大繞道進入台灣的日本 Kirin 啤酒外，日本知名品牌 Asahi(朝日)啤酒及 Sapporo(三寶樂)啤酒等也正式進入台灣市場。台灣啤酒市場的管制措施因應日益激烈的自由化競爭，管理部門亦逐步解除限制。

隨著台灣開放進口啤酒的區域越來越多，各家啤酒商在眾多競爭敵手間，為打響其品牌知名度，紛紛大打媒體戰，各自找來廣告代言人拍攝廣告片，以吸引消費者目光，並加強促銷及活動配合方式，刺激消費者購買慾，也促進台灣啤酒市場的活絡。

日系啤酒基於本土化認同的考量，尋求本土的廣告代言人，例如，Asahi 啤酒以胡瓜為代言人，Sapporo 啤酒以影帝柯俊雄為產品代言，而 Kirin 啤酒則以知名導演吳念真，一句「呼乾啦」讓消費者留下深刻印象，並一躍成為進口啤酒領導品牌。經過一場媒體激戰，及台灣對日本品牌的特殊情感，在開放日系啤酒進口的短短 3 年內，Kirin、Asahi、Sapporo 三大品牌已躍入進口啤酒前 10 名，Kirin 更在 1997 年奪下進口啤酒第一名。開放日系啤酒進口僅兩年間，在 1996 年日本啤酒進口量已占整體進口啤酒的 17.56%，到了 1998 甚至高達 35.24%[75]。

在此一強壓地頭蛇的年代，占當時原公賣局(現已改制為台灣菸酒公司)四分之一營業額的台灣啤酒，在面對進口啤酒大舉入侵後，節節敗退，尤其對上與台灣頗有淵源的日系啤酒，銷售量更是衰退嚴重。為因應進口啤酒競爭，台灣啤酒於 1996 年推出保鮮期僅 15 天，強調新鮮、好喝、綠色瓶身的「台灣生

---

[74] 同註 69。
[75] 游杭柳，「國際市場進入模式分析：以日本啤酒進入台灣市場為例」，靜宜大學企業管理研究所碩士論文，2001 年 12 月 14 日，頁 64-66。

啤酒」，此種啤酒又稱「鮮啤酒」(Fresh Beer)，主攻即飲通路，與保存期長達1年的歐美及日系進口啤酒作差異化策略。「台灣生啤酒」上市後，在賣場舉辦品評會，並教育消費者「喝啤酒，看保存期限」，只有在地生產的啤酒，才稱得上是新鮮的啤酒。

然而，這樣溫和的行銷方式並未獲得消費者的青睞，進口啤酒仍是一步步侵蝕台灣啤酒銷售量。原台灣啤酒市場百分百是在地啤酒天下，1987年開放歐美啤酒進口當年，市占率旋即被進口啤酒瓜分6.43%，除1989年曾將進口啤酒市占率壓至2.77%，爾後年度進口啤酒亦多維持在3-6%左右。日系啤酒進入台灣市場後，1995年進口啤酒的市占率更是劇增至 20.64%，1998年曾達最高27.79%的市占率。

來勢洶洶的進口啤酒，刺激原保守且封閉的公賣局改變經營及行銷策略。在1998年破天荒大膽啟用搖滾歌手伍佰，以新鮮、在地製造為訴求拍攝廣告，以「在地」、「本土」的啤酒就是最好喝啤酒，透過行銷操作不僅炒熱「台灣生啤酒」名氣，也擦亮公賣局這張老字號招牌，企圖挽回流失的顧客群。台灣啤酒市占率在2000年回升至82.67%，再度成為市場主流產品。伍佰!這個與公賣局既有形象格格不入的搖滾人，卻撞出台灣啤酒的新生命。

學理上，價格及總報酬會隨移轉成本 c 的增加而增加，因移轉成本給予原有廠商市場獨占力。總報酬亦隨著折現率 δ 的增加而增加，因隨著 δ 趨近於1時，未來會隨之增值；當 δ 為0時，$\pi_i^* = \pi_e^* = (1+\theta)c$，即市場在短期均衡下，原有廠商的報酬約略等同於移轉成本，也等於價格的一半。

台灣消費者的品牌意識強烈，對於重視口感的啤酒，品牌轉換更是不易。強勢品牌可強化產品定位、與競爭者產生差異化及增加被消費者選購的機會，建立忠誠顧客，穩固市場。因此，當消費者試著接觸某一新品牌啤酒，且品質達其效用函數，則轉而購買他牌啤酒的意願不高，除非廠商投入更多的行銷活動，刺激其品牌惰性嘗試搜尋其他品牌啤酒資訊。高移轉成本令完全競爭市場的啤酒產業中的進口啤酒市場被壓縮，本土的「台灣啤酒」呈現一家長期獨大的現象。

17　不完全訊息下的動態賽局

人與人之間的心理較量時，隨機策略是一個很有效的策略，因為你的對手永遠無法忖度「上帝」的意志。

17-1　上帝的意念與哈桑尼轉換

在一個『充份訊息賽局』內，所有參賽者都明確已知賽局的規則，否則便是不充份訊息賽局。

早期的賽局在定義上敘述不佳，未明確說明參賽者的訊息集合是什麼？直到 1967 年，部份賽局理論學者提及不充份訊息賽局時認為無法分析。後來哈桑尼（John Harsanyi）指出，在任何不充份訊息的賽局中，無須改變它的本質，只要簡單地增加起始行動：上帝在不同規則集合中進行選擇，便能被重新建構為「充份但不完全訊息」的賽局模型。在這哈桑尼轉換（Harsanyi Transformation）的賽局中，所有參賽者知道所有的大規則，包括上帝已採取起始行動但未被他們觀察到。

一位**參賽者的類型（type）**是在一個不充份訊息賽局中，上帝在一開始為他選擇的訊息分割、策略集合與報酬函數。而**環境狀態（state of the world）**則是上帝決定的行動類型。

當在一個不充份訊息的賽局中，**所有參賽者在賽局一開始時，對上帝將採取行動的機率擁有相同的信念－相同的先驗信念。**這個假設被稱為哈桑尼學說（Harsanyi doctrine）。假如，一個模型不能在美國相信說服中國升值的機率是 0.8，而中國卻認為這樣的機率只有 0.5 的情況下開始，如此他們都願意選擇在匯率戰爭下進行對抗。因此賽局一開始，他必假設信念是相同的，但卻可能因為私人訊息之差異而產生分歧。

17-2 利用貝氏法則更新信念與貝氏均衡賽局

在統計學中，在一缺乏事前機率情況下，決策者可以透過事後機率進行轉換，獲得事前機率之估計，此一方法稱為貝氏法則（Bayes's Rule）。在一賽局中，規則的一部分：『訊息集合』取決於不同參賽者握有的先驗信念（prior beliefs or priors），以及他們在賽局過程中更新信念的集合。一位參賽者握有的重要信念會影響到其他參賽者的類型，另一方看到他所採取行動，會在他們跟隨均衡行為的假設下更新他的信念。

貝氏均衡（Bayesian equilibrium）乃是在一個不充份訊息的賽局中，參賽者根據貝氏法則更新他們的信念而所獲得的 Nash 均衡。其規則如下：

（1）參賽者雙方構思一個策略組合。

（2）當參賽者更新自己的信念以回應他人的行動時，觀察此一策略組合產生什麼樣的信念（主觀機率）。

（3）在給定這些信念及所有參賽者的可能策略下，每一位參賽者選擇對他最好的回應策略。

貝氏法則是以理性方式去更新信念：由已知的事後機率推算欲知的事前機率。

$$prob（\text{Asus 選擇 Windows 系統}）=prob（\text{Windows 系統}\,|\,A）\,prob（A）+$$
$$prob（\text{Windows 系統}\,|\,B）\,prob（B）+$$
$$prob（\text{Windows 系統}\,|\,C）\,prob（C） \tag{17-1}$$

$$prob（\text{Windows 系統},A）=prob（A\,|\,\text{Windows 系統}）\,prob（\text{Windows 系統}）$$
$$=prob（\text{Windows 系統}\,|\,A）\,prob（A） \tag{17-2}$$

$$prob（A｜Windows 系統）= \frac{prob(Windows｜A)prob(A)}{prob(Windows)} \qquad （17\text{-}3）$$

$$prob（A｜Windows 系統）=$$

$$\frac{pr(Windows｜A)pr(A)}{pr(Windows｜A)pr(A)+pr(Windows｜B)pr(B)+pr(Windows｜C)pr(C)} \qquad （17\text{-}4）$$

舉一個簡單例子說明貝氏法則之應用。已知王建民在洋基球場與其它球隊對決時，使用伸卡球的贏球機率是 0.8；使用指叉球的贏球機率是 0.75；使用其它球路的贏球機率是 0.5。跟據過去一個球季的統計，王建民在出賽時有 0.5 的機率使用伸卡球；有 0.2 的機率使用指叉球，其它球路機率為 0.3。今天聽廣播報導說王建民在洋基球場又贏球了，請問他使用伸卡球與使用指叉球的機率是多少？

已知：

Prob (伸卡球) = 0.5；Prob (指叉球) = 0.2；Prob (其它球路)=0.3

Prob (贏球|伸卡球) = 0.8；Prob (贏球|指叉球) = 0.75；Prob (贏球|其它球路) = 0.5

Prob (伸卡球|贏球) = Prob (伸卡球)×Prob (贏球|伸卡球) / [Prob (伸卡球)×Prob (贏球|伸卡球)+ Prob (指叉球)×Prob (贏球|指叉球) + Prob (指叉球)×Prob (贏球|指叉球)]

$$= 0.5×0.8/[0.5×0.8+0.2×0.75+0.3×0.5]$$

$$= 0.5714 \ 或 \ 57.14\%$$

Prob (指叉球|贏球) = Prob (伸卡球)×Prob (贏球|伸卡球) / [Prob (伸卡球)×Prob (贏球|伸卡球)+ Prob (指叉球)×Prob (贏球|指叉球) + Prob (指叉球)×Prob (贏球|指叉球)]

$$= 0.2×0.75/[0.5×0.8+0.2×0.75+0.3×0.5]$$

$$= 0.2143 \quad 或 \ 21.43\%$$

17-3　回到百貨業進入－嚇阻賽局

　　現在考慮一家百貨公司準備進入某地區全新佈局市場，新百貨與舊百貨公司間，有先行者與跟隨者的關係。舊百貨公司會考量要不要率先採取什麼策略以嚇阻新進入者；或者，他可以靜觀新進入者出什麼招式，再決定自己要採取什麼對應策略。二方參賽者間的策略應該動態地相互調整。

　　先考慮兩者同時出招的靜態賽局（如表 17-1）。原先在沒有任何新進入廠商進入情況下，原廠商成為市場的獨佔廠商，獨享一百億的利潤。但如果新進入廠商如果採取進入策略，原廠商若以不調整價格策略因應，原廠商可以賺到五十億元，新進入廠商只能賺到十億；原廠商若採取低價嚇阻策略，則原廠商只能賺卅億，但會造成新進入廠商淨賠十億。因此原廠商可能藉此企圖造成新進入廠商會損失慘重為嚇阻理由，讓新進入廠商斷絕進入的念頭。

表 17-1　百貨業進入嚇阻賽局報酬表

		原廠商	
		原價	低價
新進入廠商	進入	（10，50）◄─	─（-10，30）
	不進入	（0，100）◄─►	（0，100）

　　在這個靜態賽局方格中，可以找到二個納許均衡解：其一是新進入廠商決定進入市場，原廠商採取原價競爭策略，結果是各賺十億與五十億；另一個則是舊廠商嚇阻策略成功，新進入廠商決定不進入市場，舊廠商仍獨佔市場，淨賺一百億。

在同時存在二個納許均衡下，「進入、原價」的策略組合可能會成為真實發生的均衡狀態，則嚇阻策略就可能無效，使得賽局的事前預測能力大為減低。

但當我們把賽局方格轉換成為擴展式的賽局表示法（Extensive Form Game）時，以動態賽局取代原先的靜態賽局。用賽局樹（game tree）方式推導賽局行為，可以包括三種要素：

第一， 參賽者是誰：以環節圓圈表示。

第二， 何時行動、行動時選擇的策略：以枝幹直線表示、參賽者行動時的資訊集合：以環節圓圈的虛線集合表示。

第三， 對應參賽者所有可能選取的策略，各參賽者所得到的預期報酬：賽局樹末端的括弧內。

上述的進入嚇阻靜態賽局便可改用賽局樹表示，如圖 17-1 所示。

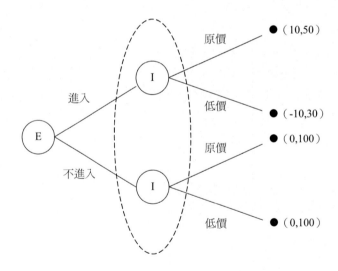

圖 17-1 新舊百貨公司的動態競爭策略

在這個樹枝狀的開始處，就像樹只有一個根，出發點都只有一個。再利用環節圓圈（node）表示參賽者可採行的時點，每個環節可伸出數個枝幹（branch）來表示該參賽者可採的策略，而在最終枝幹末梢以相應的預期報酬表示對奕的結果。

新進入廠商可以選擇進入市場或不進入市場；原廠商可以決定維持原價或低價傾銷，**跨越環節的橢圓虛線圓圈則代表資訊集合**。在圖 17-1，資訊集合包含二個環節，因為新進入廠商是否會進入或不進入市場，都在同一個資訊集合中，表示原廠商無法觀察到新進入廠商採取何種策略確切會發生。

因為原廠商無法觀察到對手的決策，此一賽局樹的推導結果與靜態賽局並無差異，均衡不變。但是如果把訊息集合稍微做一調整，把原來畫在一起的虛線橢圓圓圈，分為兩個虛線小圈圈，分別包括原廠商二個決策點。表示原廠商在這個環節上，可以觀察到新進入廠商到底決定進入或不進入，此一賽局樹就成了真正的動態賽局。

我們可用「子賽局」（subgame）的觀念來作一分辨，同時出招就沒有真正的子賽局（proper subgame）。子賽局是在賽局樹中分出來的一支小樹幹，起點也是只有一個要素（singleton）的資訊集合，像是樹只有一個根一樣。圖 7-1 中無法分出更小的子賽局，但在圖 17-2 就可分出二個更小的子賽局。第一個子賽局是原廠商可以觀察到新廠商進入之後的賽局，第二個子賽局是第二位參賽者觀察到第一位參賽者不進入之後的賽局，皆算是一個向前衍伸出的小樹幹。

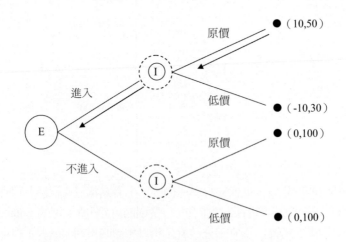

圖 17-2　新舊百貨公司的子賽局競爭策略

在新進入廠商不進入的狀況，原廠商的損益是相同的，獨享一百億的利潤。但如果新進入廠商決定進入，那麼原廠商採取原價與低價策略，就會產生不同的結果。新進入廠商要思考，原廠商到底會採取原價還是低價以因應我方的進入策略？如果原廠商不在乎新進入廠商的行為，只考量自己利潤的多寡，那麼原廠商很清楚在放任新進入廠商進入後會採取賺得比較多的對應策略：保持原價（可賺五十億）。當新進入廠商判斷原廠商會在新進入廠商進入後採取原價策略以維持較佳利潤，那麼新進入廠商在進入與不進入兩者間選擇，進入可賺十億，比之不進入的毫無利潤高，當然選擇進入市場。

在推導過程中，透過從最後的子賽局往前倒推的「**逆向歸納法**」（**backward induction**），得到唯一的均衡：「**新進入廠商決定進入市場，原廠商維持原價**」。**在原廠商採取靜觀其變的情況下，低價競銷的威脅只是一個空洞的威脅。**這樣由各個子賽局逆推尋找最適反應，就得到了「**子賽局完美均衡**」（**Subgame Perfect Nash Equilibrium, SPNE**），「子賽局完美均衡」是動態賽局的子集合納許均衡，較一般的納許均衡更加精煉，也可以帶來更多的預測能力。

子賽局完美均衡在到達均衡後，任何一方參賽者都沒有偏離這個均衡策略的誘因，子賽局完美均衡不但是整個賽局的納許均衡，而且也是各個子賽局的納許均衡。同時也是運用逆向歸納法向前解出的唯一納許均衡。

17-3 完全貝氏均衡（Perfect Bayesian Equilibrium）：進入嚇阻 II 與 III

由於不對稱訊息，特別是不完全訊息的狀況在實務上普遍存在，在賽局理論推理中也就格外重要。尤其在動態賽局中，當參賽者要採取多個連續行動時，較早期的行動常會釋放出私有訊息，進而影響到參賽者後續所採取的對策。隱藏與揭露訊息乃是許多策略行為的基礎條件，也是解釋策略世界中之理性行為時相當重要的方法。

即使在動態賽局中存在著對稱訊息，但如果參賽者要對對手做更敏銳的預測，必須符合子賽局完全性以求得納許均衡。不對稱訊息需要諸如貝式定理求解方式以掌握「可信的威脅」的概念。

在不對稱訊息的賽局中，我們需用符合子賽局完全性以求取均衡。在不對稱訊息賽局中，參賽者並不知道此賽局位於哪個節點上，因此單靠著賽局決策

樹可能無法確知參賽者的決策為何?例如,在進入嚇阻 I 的賽局中,原有廠商會採取與新進廠商進行勾結,因為一旦新進廠商進入市場後,與其對打的利潤遠低於與其勾結的利潤。

現在我們假設在百貨業進入嚇阻賽局中,存在某些新進廠商較為強勢,某些較為弱勢;原有廠商選擇與強勢廠商對打的成本高於與弱勢廠商對打的成本。假若,原有廠商在「對打|強勢對手」情況下所得到的報酬為 0,而在「對打|弱勢對手」情況下所得到報酬為 X,其中 X 的數值,平均分布在 0(進入嚇阻 I 賽局)到 300(進入嚇阻IV與V賽局)之間。賽局最初的決策乃是由上帝決定新進廠商為強勢或弱勢。

觀察圖 17-3 的擴展式,包括進入嚇阻 II、III 與IV賽局的可能性。原有廠商選擇與新進廠商對打將有 50% 的機率得到報酬 X(弱勢廠商)。(原在進入嚇阻 I 賽局中,得到報酬 X 的機率為 0) 然而原有廠商並不知道在賽局實際發生時,何者是真實的報酬。原有廠商無法觀察到新進廠商實力之真實狀況究竟為何。

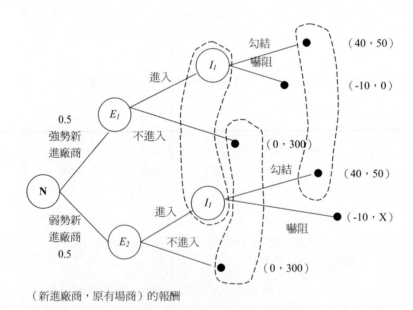

(新進廠商,原有場商)的報酬

圖 17-3　進入嚇阻賽局 II,III,IV

17-4 顫抖的手完全

為了求得子賽局的完美均衡，我們需要進一步琢磨均衡觀念以排除不真實的均衡。此時可以採取兩種方法驗證。第一種方法是在賽局中引進「小顫抖」（small trembles），第二種方法是在要求理性的信念下驗證所採策略為最佳反應。前者可讓我們求得「顫抖的手完全」（trembling hand-perfect）均衡，後者則讓使我們求得「完全貝氏」（perfect Bayesian）與「連續」（sequential）均衡。

顫抖的手完全（**Trembling-hand Perfectness**）乃是由 Sleten 所提出的均衡概念。其所根據的邏輯是：**一個行動策略要成為均衡的條件，必須符合「持續」對參賽者而言是最適策略；即使有微小的可能賽局對手採取偏離均衡的行動（就像對手的手會「顫抖」一般），而此一偏離行動並不會對賽局結果造成重大的損傷或改變。**[76]

在圖 17-5 中，某一連鎖超商評估進入另一家大型連鎖超商已佔有的市場。若依一般的推導結果應該是：原超商與新進入超商妥協，分享該市場的報酬。假若原連鎖超商將對手的報酬融入本身的報酬（效用）函數中，則原超商的最佳策略並非妥協策略（報酬效用為 50）而是低價嚇阻策略（報酬效用為 40-(-10)=50）。

每一個『顫抖的手完全均衡』都具備『子賽局完全性』，但遺憾的是，在某些情況下我們經常很難分辨一個策略組合是否為顫抖的手完全均衡。另外，顫抖的手完全均衡決定於何種顫抖應該被考慮？而且要判斷一個人為何容易顫抖？在理論上可能很難定義。

---

[76] Selten, R. 1975. "Reexamination of the Perfectness Concept of Equilibrium in Extensive Games." *International Journal of Game Theory* **4**. pp. 25-55.

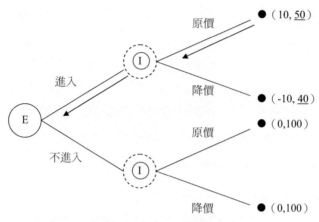

圖 17-4　進入嚇阻賽局：顫抖的手

17-5　完全貝氏均衡與連續均衡

　　完全貝氏均衡（Perfect Bayesian Equilibrium）乃是由 Kreps & Wilson（1982b）根據 Harsanyi（1967）文中之精神所提出。在賽局的一開始，假設所有參賽者對於上帝會選擇何種人進入賽局的機率均有一般的了解與相同信念。有些參賽者觀察到上帝的選擇並隨之更新其信念，而其他參賽者則是根據其觀察具備私有訊息者的行動而加以推演、更新他們的信念。[77]

　　更新其信念的方法乃是根據均衡時具體的行動策略推演而成。當某一參賽者更新其信念時，他會假設其他參賽者正是依循著均衡的策略路徑，而他們本身的行動策略乃是根據其信念而來。在不對稱訊息賽局下，均衡結果不再只是根據策略來定義均衡，而是包括了一個策略組合，以及一組可做出最佳反應策略的信念得來。Kreps & Wilson 稱此種信念與策略的組合為評估（assessment）。

　　完全貝氏均衡（perfect Bayesian equilibrium）包括一個策略組合與一組信念，可使其在賽局的每個節點上：

---

[77] Kreps, D. & R. Wilson, 1982, "Reputation and Imperfect Information," *Journal of Economic Theory*, 27. pp.253-279.

（1）　在已知其他人信念與策略的情況下，這些策略對賽局後續路徑而言仍是 Nash 均衡。

（2）　在截至賽局所實現的路徑上，這些信念在每個訊息集合中是理性的。而這些信念是建構在以貝氏法則所更新的先驗信念之上。

Kreps ＆ Wilson 依據此一構想建構了「連續均衡」（Sequential Equilibrium）的概念，但他們針對不連續策略的賽局加上了第三個條件，以示對信念理性的限制。

（3）　信念乃是一連串理性信念的極限組合。

在賽局均衡路徑上，參賽者更新信念所需要用到是：他們的先前信念（先驗機率，來自觀察或記錄）或者是貝氏法則（Bayes's Rule）。假設在均衡時，新進廠商的最佳選擇是進入市場，但如果因爲某些原因而必須選擇不進入市場，則原有廠商必須推測新進廠商爲弱勢的機率爲多少？此時貝氏法則即無法派上用場，因爲當 *Prob*（不進入）=0 時，其後的信念無法用貝氏法則計算出來：

$$prob\left(弱勢 / 不進入\right)= \frac{prob\left(不進入 / 弱勢\right)prob\left(弱勢\right)}{prob\left(不進入\right)} \tag{17-5}$$

上述之 $prob\left(弱勢 | 不進入\right)$ 無法估算，因爲（17-5）式中的分母爲零。

17-5-1　進入嚇阻 II 賽局

連續均衡一定符合子賽局完全性，每個顫抖的手完全均衡均是連續均衡，而「幾乎」每個連續均衡均是顫抖的手完全均衡。每個連續均衡是完全貝氏均衡，但並非每個完全貝氏均衡都是連續均衡。

在有了完全貝氏均衡概念後，我們回到進入嚇阻賽局 II 中，加入一個先驗機率可以協助我們找到一個均衡結果。

新進廠商：進入|弱勢，進入|強勢

原有廠商：勾結

信念：　$prob(強勢|不進入) = 0.3$

在此賽局中，新進廠商不論是弱勢或強勢均會選擇進入市場，而原有廠商的均衡策略是選擇與新進廠商進行勾結。由於不論上帝選擇狀況如何，新進廠商均會選擇進入，因此對原有廠商而言，如果他觀察到新進廠商選擇不進入市場，則必須確定一個失衡信念。例如：當原廠商觀察到新進廠商選擇不進入市場時，他主觀認定新進廠商有 0.3 的機率為強勢。

沒有一種貝氏均衡是新進廠商選擇不進入市場的。即使以最樂觀的可能信念認為新進廠商為弱勢的機率為 1，選擇嚇阻策略也不是最恰當的反應，如果猜錯呢？

信念的合理性相當重要，相較於可行均衡來說，不可行均衡所需要的信念基礎較不健全也較難去證明其合理性。例如：

新進廠商：不進入市場|弱勢，不進入市場|強勢

原有廠商：對打

信念：　$prob(強勢|進入) = 0.1$

立基於此，如果新進廠商選擇進入，則原有廠商與新進廠商對打的期望報酬為 54（=0.1（0）+0.9（60）），此結果高於選擇勾結的報酬 50，因此新進廠商會選擇不進入市場。

在此一不可行的均衡信念下，顯然不合理。為何原有廠商會相信弱勢廠商錯誤地選擇進入市場的機率會是強勢廠商的九倍？此一信念雖不違反貝氏法則，卻沒有正當的理由。

17-5-2　進入嚇阻賽局Ⅲ：被動猜測與可行混合均衡

在進入嚇阻賽局Ⅲ中，假設 X=60，則原有廠商選擇與其對打比勾結的獲利更多。如前所述，新進廠商知道其本身為弱勢，但原有廠商並不知道。在觀察到失衡行動路徑後，維持其先驗信念 $prob$(強勢) = 0.5。此乃是一種建立信念的簡便方式，稱之為被動猜測（passive conjecture）。

假若原有廠商已蒐集到歷史事後機率，則可以捨棄被動猜測而採用貝氏法則修正求取先驗機率：

新進廠商：P(進入|弱勢)=0.2;　P(進入|強勢)=0.8

P(弱勢)=0.8；P(強勢)=0.2

原有廠商：勾結

信念：　$prob$(強勢|進入) = 0.5

P(強勢|進入) = P(強勢∩進入) / P(進入)

= P(強勢)×P (進入|強勢) ÷

[P(強勢)×P (進入|強勢)+ P(弱勢)×P (進入|弱勢)

= (0.2×0.8) ÷ (0.2×0.8+0.8×0.2)

= 0.5

如果新進廠商為弱勢的機率是 0.5，則原有廠商選擇對打的預期報酬將是30（=0.5（0）+0.5（60）），此結果小於選擇勾結的報酬 50。因此均衡狀態下，原有廠會選擇勾結策略，新進廠商會選擇進入市場。此一均衡狀態稱為**混合均衡（A pooling equilibrium）**。新進廠商可能知道原有廠商假若得知自己是弱勢廠商而選擇對打的報酬為 60，但此卻與原有廠商的行為無關。

17-5-3 進入嚇阻賽局Ⅲ的分離均衡

即使『完全貝氏均衡』可能是相當模糊的均衡，但此一概念已排除掉其他模糊的結果。例如，新進廠商只有在強勢時才選擇進入市場；在弱勢時不進入

市場的均衡結果乃是存在的。此一均衡稱之為「**分離式均衡**」（*separating equilibrium*），因為它將不同類型的參賽者加以分離，可以表示如下。

　　新進廠商：不進入市場|弱勢，進入|市場強勢

　　原有廠商：勾結

　　由於原有廠商可能在均衡時觀察到新進廠商選擇不進入或進入市場，原有廠商會持續使用貝氏法則去建立他的信念。因此他相信，選擇不進入市場的廠商必定是弱勢廠商；選擇進入的廠商必定是強勢廠商。

　　此一信念雖與納許均衡的概念相符合，也就是每個參賽者會假設其他人必然遵循均衡策略，然後再決定自己如何進行反應。在此例中，原有廠商根據他的信念，選擇其最佳反應是：當新進廠商選擇進入市場，我便選擇勾結。但此一分離式均衡卻無法成立，因為新進廠商知道他如果進入會被原有廠商勾結的話，即使是弱勢廠商也會想要脫離此路徑而進入市場。因此新進廠商只有在強勢時才進入市場的狀況不可能成為均衡結果。

17-6 海峽兩岸關係三階段[78]

　　賽局迷人之處在於利用簡單的遊戲規則來達到均衡的結果，但對於賽局的最終結果（納許均衡），並非絕對理性或有效率，但卻能夠適切地貼近事實的現況。近二十年來，兩岸關係歷經三個主要階段：李登輝時代、陳水扁時代與馬英九時代，每一個階段因為環競與訊息狀況的不同，以及決策者的不同而呈現截然不同的面貌。本節嘗試以賽局模式來解釋複雜的兩岸政治現象。

17-6-1 李登輝與大陸之不對稱訊息下的動態賽局

一、背景說明

　　1991年李登輝提出國家統一綱領。國統綱領三個階段分別為：

1.近程（互惠交流階段）

---

[78] 本實例取材自國立屏東科技大學討論稿 GT0811，「由賽局看兩岸關係」。

(1) 以交流促進瞭解，以互惠化解敵意；在交流中不危及對方的安全與安定，在互惠中不否定對方為政治實體，以建立良性互動關係。

(2) 建立兩岸交流秩序，制訂交流規範，設立中介機構，以維護兩岸人民權益；逐步放寬各項限制，擴大兩岸民間交流，以促進雙方社會繁榮。

(3) 在國家統一的目標下，為增進兩岸人民福祉：大陸地區應積極推動經濟改革，逐步開放輿論，實行民主法治；台灣地區則應加速憲政改革，推動國家建設，建立均富社會。

(4) 兩岸應摒除敵對狀態，並在一個中國的原則下，以和平方式解決一切爭端，在國際間相互尊重，互不排斥，以利進入互信合作階段。

2.中程（互信合作階段）

(1) 兩岸應建立對等的官方溝通管道。

(2) 開放兩岸直接通郵、通航、通商，共同開發大陸東南沿海地區，並逐步向其他地區推展，以縮短兩岸人民生活差距。

(3) 兩岸應協力互助，參加國際組織與活動。

(4) 推動兩岸高層人士互訪，以創造協商統一的有利條件。

3.遠程（協商統一階段）

　　成立兩岸統一協商機構，依據兩岸人民意願，秉持政治民主、經濟自由、社會公平及軍隊國家化的原則，共商統一大業，研訂憲政體制，以建立民主、自由、均富的中國。

　　次年，台灣海峽兩岸在 1992 年香港會談中就「一個中國」問題及其內涵進行討論所形成之見解及體認的名詞。九二共識其核心內容與精神是「一個中國，各自表述」與「交流、對話、擱置爭議」。

　　由於九二共識的達成，為海基會和海協會進行事務性商談創立信任及條件，使兩岸交流得以良性發展。因此於 1993 年 4 月 27 日至 4 月 29 日順利在新加坡舉行「辜汪會談」，雙方並簽署「兩岸公證書使用查證協議」、「兩岸掛

號函件查詢補償事宜協議」、「兩會聯繫與會談制度協議」及「辜汪會談共同協議」四項協議。

辜汪會談後，海基會和海協會繼續在北京、廈門、台北進行多次事務性協商。不過，1996 年和 1997 年中共對臺灣連續發射飛彈試射，意圖阻止台灣當局進行總統大選，導致兩岸緊繃。

1999 年海協會會長汪道涵預訂於秋天首度回訪台北前，李登輝為避免江澤民主席在 10 月 1 日，在外國媒體宣告台灣是中華人民和國的一部分，在 7 月 9 日接受德國之聲錄影訪問時，發表了「兩國論」。在此衝擊下，江澤民主席於 9 月 8 日宣佈決定取消海協會會長汪道涵原訂的訪台計畫，並要求李登輝公開收回「兩國論」。9 月 29 日，海協會常務副會長唐樹備接受美國之音訪問時表示，台灣一定要收回「兩國論」，兩岸關係才能恢復正常。此後，海基會和海協會自 1992 年來逐步建立的協商機制，終告癱瘓。

二、賽局模式推演

本階段賽局模式以賽局樹呈現如下：

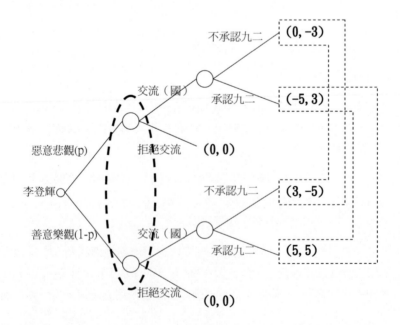

1.參賽者：李登輝，大陸。

2.報酬

(1) (惡意悲觀，交流，不承認)

李登輝一開始認為兩岸之間開開啓交流後，其國統綱領三階段並不會很順利。若大陸不承認九二共識，在此情況下李登輝的報酬為 0(因為沒報著太大的期望，所以就算大陸不承認九二共識也不會太失望)，而大陸的報酬為-3(大陸損失統一的機會)。

(2) (惡意悲觀，交流，承認)

若大陸承認九二共識，將得到的報酬為 5-2=3(大陸將統一台灣，但並非順利之下完成，故還要扣除統一成本 2)，而李登輝的報酬則為-5(本以為國統綱領三階段會經歷一段漫長的時間，沒想到進行順利，再下去將面臨被統一的困境，因此喊停)。

(3) (惡意悲觀，拒絕交流)、(善意樂觀，拒絕交流)

不論李登輝的態度為何，若都走向拒絕交流，雙方將持續兩蔣時代的僵局，報酬各為 0。

(4) (善意樂觀，交流，不承認)

李登輝若一開始就持以善意樂觀的態度來進行兩岸交流，且願意停止兩岸間緊張情勢，其報酬為 3。而大陸若不承認九二共識，不僅失去統一機會，也會受到國際輿論的批評，其報酬為-5。

(5) (善意樂觀，交流，承認)

兩岸關係若發展順利，雙方都有利，此時雙方報酬各為 5。

3.賽局推導

(1) 大陸的策略互動

對大陸來說，由於面對承認與不承認九二共識時，面臨需猜測李登輝的策略意圖，因此在此尋求一個混和解來推論是否應該承認九二共識，承認九二共識之推導如下：

$$(-5)(1-p)+(-3)p>3p+(1-p)5$$

$$-5+2p>5-2p$$

$$p>0.4$$

亦即若李登輝惡意悲觀的獨派傾向大於四成，則當其提出兩岸交流時，則應當回應予承認九二共識，反之小於四成則應當不接受其九二共識。

(2) 李登輝的策略互動

對李登輝來說，可以預測對手是否回應九二共識時，其李登輝的的最佳決策推導應當如下：

$$(-5)p+5(1-p)<0$$

$$-10p+5<0$$

$$p>1/2$$

即當大陸回應予九二共識時，若李登輝衡量自身對於惡意悲觀的獨派傾向大於五成時，則應當選擇不主動提出交流為最佳策略；反之，若其獨派意向低於五成時，則應當選擇主動交流，也就是提出國統綱領來要求對談。

三、均衡討論

綜觀過去對李登輝的政治傾向，也鮮少能正確的區分其政治意圖，但在蔣經國先生去世後，李登輝接任總統，在 1991 年之前仍維持蔣氏的政策，之後則將「三民主義統一中國」改替為「自由民主統一中國」。而在 1991 年，臺灣政府在亞洲銀行的年會上，這個國際場合，首先承認中華人民共和國的存在，

並尊重中華人民共和國政府是現階段統治中國大陸地區的合法政府（一國兩府），故我們大致可將李登輝的政治意向歸納在其獨派意向低於五成，而也確實提出兩案交流來應對。但相對的李登輝其獨派意向若高於四成，亦即 $0.4<p<0.5$，那麼就算提出兩岸交流的條件，對岸也不會承認就二共識，因其不確定性還是太高。

17-6-2　台灣與大陸之囚犯兩難賽局

一、背景說明

2000 年，獨派的民主進步黨總統候選人陳水扁當選第二任民選總統。陳水扁限於自身台灣獨立運動的立場，不能承認「一中各表」，因此主張一邊一國，甚至公開表示台灣新政府並不承認九二共識的存在，不過，泛藍陣營則認為有這個共識。泛藍政黨與中國共產黨在九二共識的認識上，仍有不同，但在「一個中國，各自表述」的前提下，中國國民黨、親民黨、新黨先後在 2005 年訪問大陸，並與中國共產黨商談兩岸關係及兩岸事務。由於民主進步黨不承認九二共識，因此，中國共產黨一直拒絕與台灣的民進黨政府直接對話。

二、賽局模式推演

本階段賽局模式以賽局方格呈現如下：

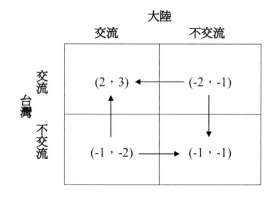

1.參賽者：台灣，大陸。

2.報酬

(1) (交流，交流)

　　兩岸經貿關係的正常化與自由化，將積極協助台商在兩岸之間進行產業整合，使台灣充分利用大陸資源，提升台灣產業競爭力、帶動了台灣的經濟成長。因此台灣的報酬為 2。對大陸而言，若雙方都採取(交流，交流)策略，不僅能提升國內經濟，順利發展的話，還可能實現統一的心願，此時大陸的報酬為 3。

(2) (交流，不交流)

　　若台灣費盡心思的想與大陸建交，在大陸不肯的情況下，台灣不僅白費工夫，且在國際上仍深受打壓，此時報酬為-2。對大陸而言，無法統一台灣，報酬為-1。

(3) (不交流，交流)

　　台灣若採取不交流的策略，忽略掉大陸市場，將得-1 的報酬。在這情況下，大陸若想交流，將得-2 的報酬，不僅不能從中獲利，統一的日子更加遙遙無期，且也丟了他們的臉。

(4) (不交流，不交流)

　　在台灣不承認九二共識後，也不願意與大陸交流，此時報酬為-1。除非台灣的態度改變，否則大陸將一直採取不交流，此時報酬為-1。

三、均衡討論

　　從兩岸賽局方格中可得知，Nash 均衡為(不交流，不交流)，但它並不是優勢策略均衡。不交流對台灣而言是屬於弱優勢，而使得(交流，交流)成為反覆的優勢策略均衡。但對後期走向台獨的李登輝及獨派的陳水扁而言，不可能採取(交流，交流)，因此囚犯困境下的(不交流，不交流)形成了均衡解，也倒致兩岸關係再度進入僵局、陷入囚犯兩難。

17-6-3　馬英九與大陸之賽局

一、背景說明

2008 年國民黨重新執政，馬英九當選第四任民選總統，以「不統、不獨、不武」理念，在中華民國憲法架構下維持台海現狀，並秉持副總統蕭萬長在博鰲論壇提出的「正視現實，開創未來；擱置爭議，追求雙贏」。並且在就職演說中表示，1992 年兩岸曾達成「一中各表」共識，促成兩岸關係順利發展。今後將在九二共識基礎上儘早恢復協商，尋求兩岸共同利益的平衡點。

另外，2008/5/26 中國國民黨主席吳伯雄首次以執政黨主席身分登陸，吳伯雄和胡錦濤的會晤，創下歷史性記錄；敲定已經中斷將近 10 年的海基、海協兩會，下個月起恢復制度性協商。此次會談可謂成果豐碩、滿載而歸，具有幾項重大意義。

1.擱置爭議，求同存異

經歷民進黨執政的兩岸冰封期之後，如今雙方願意擱置爭議，九二共識成為最大的公約數。大陸領導人不提"一中原則"，國民黨自然也迴避"一中各表"。

在雙方互動的過程當中，彼此相互尊重，迴避將近 60 年來，無法解決的政治爭議，兩岸不在主權問題上斤斤計較，相較於李登輝和陳水扁時代，雙方不僅不願意擱置爭議，還刻意擴大爭議，兩岸關係自然不進則退。

2.以民為本，人民最大

四川大地震死傷慘重，9 年前遭逢 921 巨變的台灣民眾，更能夠感同身受，不分政府或民間，大家有錢出錢、有力出力，一場大自然的浩劫，竟然意外的拉近了兩岸的距離。

同樣的，民進黨執政 8 年，經濟低迷不振，大陸願意共同首先推動觀光客來台和週末包機，更是以幫助台灣經濟重現榮景、降低失業率為著眼點。和台灣民眾踴躍捐輸相比，兩者不約而同，都是以人本為出發點，頗有異曲同工之妙。

3.兩軌並存，相輔相成

　　海基、海協兩會復談，馬上針對周末包機和陸客來台進行協商，2008年六月獲致具體結論，由新上任的海基會董事長江丙坤和內定的海協會會長陳雲林，雙方簽屬正式協議。

　　另一方面，對於連戰和胡錦濤建立的國共平台，吳伯雄也給予高度肯定，未來將會延續下去。僅管兩會復談在即，國共平台依舊不會偏廢，兩者各職所司。事實上，國共搭建的平台，等於是兩會正式協商之前的"會前會"，具有溝通歧見、化解爭議的重要意義。

4.掌握契機，共創雙贏

　　在李登輝執政時代，兩岸一度有春暖花開的兆頭，9年前汪道涵一度打算秋天訪台，卻因為美國總統克林頓在上海提出"新三不"，李登輝正式宣告"特殊兩國論"，兩岸關係從此陷入僵局。

　　因此兩岸走向雙贏的起點，是經貿往來與文化交流的全面正常化，台灣已做好協商準備，盼七月開始的周末包機直航與陸客來台，讓兩岸關係跨入嶄新時代；未來將與大陸協商國際空間與和平協議，「唯有台灣在國際上不被孤立，兩岸關係才能向前發展」。

二、賽局模式推演

　　本階段賽局模式以賽局樹呈現如下：

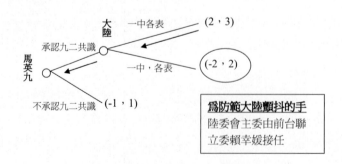

1.參賽者：馬英九，大陸。

2.賽局推演

在大陸先行動的子賽局中，雖然子賽局完全均衡是大陸選擇「一中個表」，然而，顫抖的機率排除(承認九二共識，一中各表)爲均衡。若大陸有很小的顫抖機會而選擇「一中，各表」，馬英九也會選擇不承認九二共識來取代承認九二共識。同時，大陸將選擇「一中各表」而非「一中，各表」，因爲馬英九傾向兩岸交流而選擇承認九二共識，大陸偏好「一中各表」而非「一中，各表」。這使得(不承認九二共識，一中各表)成爲唯一的均衡，儘管相對於(不承認九二共識，一中各表)，(承認九二共識，一中各表)是弱式 Pareto 優勢策略。

三、均衡討論

胡錦濤與中共多年來都強調，堅持九二共識，是實現兩岸和平發展的重要基礎。然而，在馬英九上任後，也以九二共識爲基礎，期望儘早恢復協商，尋求兩岸共同利益的平衡點。因此，從賽局推導及實證中，不難發現(承認九二共識，一中各表)爲其均衡解。

不過，馬英九也在人事安排上，刻意在賽局中爲防範大陸「顫抖的手」。指派陸委會主委由前台聯立委賴幸媛接任，不僅可擴大兩岸問題上的社會共識基礎，未來將採取「不統不獨不武」的原則，在維持「中華民國」現狀上，維護「國家尊嚴」及利益，彰顯「台灣主體」；未來若大陸態度轉變，對台灣不利時，馬英九可藉由此顫抖的賽局讓大陸清楚知道台灣有隨時抽手的條件，台灣還是有可能再次走向不承認九二共識，雙方最後可能再度回到原點。

18 不對稱訊息賽局與直覺法則

在數學上成立的在直覺上未必成立

在賽局當中，掌握訊息對參賽者雙方來說是非常重要的，掌握訊息量的多寡與質量高低往往決定了賽局雙方的優劣態勢。賽局當中，存在部份公共訊息（public information），也有屬於特定參賽者獨有的私有訊息（private informaion）；既有的訊息部份為正確的訊息，也會有錯誤的訊息。對奕不僅僅需要掌握真實訊息，還必須善於解讀訊息、分析訊息、善用訊息；在其中蒐尋對自己有用的訊息，甚至還需要在對奕過程中製造訊息；或是讓參賽對方掌握和領會自己製造訊息的真實含意而不會誤判情勢，從而制定對我方或對雙方皆有利的策略。

在（不）充份訊息的賽局內，參賽者所獲得的訊息集合相同者稱為『對稱訊息賽局』，否反之則是『不對稱訊息賽局』。在一個不對稱訊息賽局中，參賽者一方擁有另一方不知道的私有訊息。沒有私有訊息的一方必須透過對方行為進行判別對奕者意圖，以採行對自己或雙方皆有利的策略。

18-1 博士入學許可賽局

『不對稱訊息賽局』的典型例子是：博士入學許可賽局（*The PhD Admissions Games*）。在這個例子中，我們可以看得出『被動猜測』不可能永遠是令人滿意的信念。假設某一所大學管理學院依調查得知有 90% 的博士生不喜歡經濟學而在修習博士課程中感到不快樂；另外有 10% 的博士生因為喜歡經濟學而且學習狀況良好。

在新的一個學年度前，管理學院博士班甄選委員會無法得知今年每一位申請者的類型。如果這所大學拒絕某一位申請者，學校的報酬為 0；相對的，申請者因為繁瑣的申請程序而得到負報酬為-1。如果這所大學接受某一位考生的申請，如果此人喜愛經濟學，則學校與學生將因為獲得學術發展而同時獲得報

酬+20；但若此人不喜歡經濟學，則學校與學生將因為博士培養過程痛苦而得到負報酬均為-10。圖 18-1 為此賽局的賽局樹。是否喜歡經濟學的比例顯示在節點 N 點上，此乃是上帝狀況決定考生喜歡或不喜歡經濟學的比例。

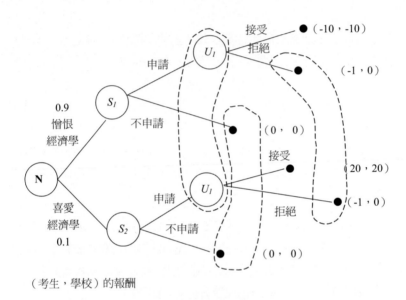

（考生，學校）的報酬

圖 16-1　博士入學許可賽局

博士入學許可賽局在不同的失衡信念限制下存在『貝氏均衡』。這些均衡解根據其可能結果可被劃分為兩類：一為分離式均衡（*separating equilibrium*）。也就是喜愛經濟學的考生會申請考試，而不喜歡經濟學的考生不申請考試。二為混合式均衡（*pooling equilibrium*），也就是兩種類型的考生均會提出入學申請。

18-1-1 分離式均衡（*A separating equilibrium*）

博士入學許可賽局可能存在第一種分離式均衡：也就是喜愛經濟學的考生會申請考試，而不喜歡經濟學的考生不申請考試。因為貝氏法則總是適用於發生在均衡的兩種可能行動策略－申請與不申請的任何一種，分離式均衡並不需要設定失衡信念。

學生：申請　喜愛者|不申請　不喜歡經濟學

學校：許可

其中

$prob(喜歡|申請)=1$　；　$prob(不喜歡|不申請)=1$

18-1-2 直覺準則進行篩選

分析者恐怕會以特殊情況來證明信念的正確性，但卻不符合顫抖的手均衡信念。在在某些情況下，有人會認為，如果有學生明知道學校會接受所有申請者，或許仍會愚蠢地去申請看看能不能混個博士學位，即使這種學生不可能會有經濟學的品味，但的確可以輕易推翻此一分離式均衡的立論基礎：

$prob(不喜歡|申請)=0$

根據 Cho ＆ Krep 的直覺準則（*Intutive Criterion*）[79]，如果具有私有訊息的申請人，不管不具訊息者的信念如何，均不會因為失衡行動對策中獲利的話，則不具私有訊息者的信念必須設定此類型者（具有私有訊息的人）發生的機率為 0。在此案例中，如果在學校的信念下，不喜歡經濟學的考生絕對不會因為申請進入博士班而獲利（例如擁有絕對公正而嚴格的畢業篩機制），因此學校會設定申請者中憎恨經濟學的人機率為 0。此一論點如果成立，它會想要發給所有申請者入學許可。

18-1-3 混合式均衡

混合式均衡（*A pooling equilibrium*）可由貝氏定理或被動猜測所支持。前者需要擁有事後機率（例如，依調查得知：有 80% 已入學的博士生不喜歡經濟學而在修習博士課程中感到不快樂；另外有 20% 的博士生因為喜歡經濟學而且快樂學習）。被動猜測則不需要相關訊息。

假設在混合式均衡下，兩種類型的學生均不申請，因為他們正確地相信申請會被學校拒絕並得到報酬為-1；而學校因為相信申請者有高達 90%以上的機率不喜歡經濟學，因此也會拒絕那些絕大部份愚蠢地申請該校的考生。

---

[79] Cho, In-Ko and D. Kreps, 1987, "Signaling Games and Stable Equilibria," *Quarterly Journal of Economics*, 102, pp. 179-221.

18-1-4 被動猜測

然而在博士頭銜具備相當高的社會價值（對申請人的誘因），學校設立博士班的目的也不是拒絕想入學的考生以博取不切實際的聲譽，而是培養優秀的高級研究人才（對學校的規範）。在此信念下，上述的混合式均衡：『兩種類型的學生均不申請』成立可能性微乎其微。反倒是另一個混合式均衡：『兩種類型的學生均提出申請』有可能存在。但研判申請者為喜歡經濟學的機率在沒有可用資訊下，為一被動猜測行為（*Passive Conjecture*）。

學生：申請 喜愛者申請 不喜歡

學校：部份接受

信念： $prob(喜歡|申請) = 0.9$ （被動猜測）

18-1-5 充份穩健性

在使用充份穩健性（*Complete Robustness*）時，均衡策略組合必須包含各種所有失衡信念下的最佳反應，以符合子賽局均衡的要求。在分析猜測的混合式均衡時，很有用的第一個步驟是測試這些均衡是否會被一些極端的信念所支持，例如，$\rho=0$ 或 $\rho=1$ 的信念。

充份穩健性排除了博士入學許可賽局中的分離式均衡，譬如像 $\rho=0$ 之類的信念會使得學校接受申請者成為最佳反應，而接受只有喜愛經濟學的人會提出入學申請。假設提出入學申請者中不喜歡經濟學的機率為 ρ。

$prob(不喜歡|申請) = \rho$，$0 \leq \rho \leq 1$

為達均衡成立，學校當局的期望效用必須符合以下條件：

$\rho(-10) + (1-\rho)(20) \geq 0$，

$30\rho \leq 20$，$\rho \leq 2/3$。

均衡成立時，學校總是會接受某些人的申請，因為選擇申請入學不可能是失衡行為，它顯示某些申請人的確是喜愛經濟學而且可以快樂學習的。如此，書面審查與面試才具有義意，以上的混合式均含有二個義意。其一是，整體而

言參加入學申請的考生被錄取的機率不應該超過 2/3；其二是，在審查教授判斷某位考生喜歡經濟學的可能性明顯超過 2/3 時，才予以錄取。

在許多賽局中可能有兩個不同的混合均衡且沒有分離均衡。我們將被動猜測應用在「可行」均衡。此時，**直覺準則將不會限制信念，但做為分離式均衡篩選的機制，因為在數學上成立的在直覺上未必成立。**

18-2 直覺準則：啤酒－乳蛋餅賽局

Cho & Kreps 以啤酒－乳蛋餅賽局（The Beer-Quiche Game）說明何謂直覺準則。在此賽局中，第 I 個參賽者的決鬥實力可能是強也可能是弱，即使他認為自己會贏，他仍希望避免決鬥。第 II 個參賽者只有在第 I 個人是弱者時才希望與之決鬥。上帝決定第 I 個參賽者是弱者的機率為 p。第 II 個參賽者不知道第 I 個參賽者屬於何種類型，但他可以藉由觀察到第 I 個參賽者所吃的早餐判斷他的實力。他知道強者早餐偏好喝啤酒，弱者早餐偏好吃乳蛋餅。

二位參賽者的報酬如圖 18-2 賽局樹所示。一開始由位在圖中間的上帝選擇參賽者是否為強者或弱者。然後觀察第 I 個參賽者選擇早餐為啤酒還乳蛋餅。第 II 個人的節點以虛線連結，表示他們有相同的訊息集合。最後由第 II 個參賽者決定是決鬥抑或不決鬥，然後得到報酬。

此賽局有兩個貝氏均衡解，兩個均是混合式均衡。在 E_1 點，第 I 個參賽者不論屬於何種類型均以啤酒做為早餐，而第 II 個參賽者觀察後選擇不決鬥。支持此一結果的失衡信念為：第 I 個參賽者以乳蛋餅做為早餐為弱者的機率超過 0.5，此時第 II 個參賽者觀察後選擇決鬥。在第 E_2 點，第 I 個參賽者不論屬於何種類型均以乳蛋餅做為早餐，而第 II 個參賽者觀察後選擇決鬥。不支持此一結果的失衡信念為：第 I 個參賽者早餐喝啤酒為弱者的機率大於 0.5，此時第 II 個參賽者觀察到啤酒會選擇決鬥。

被動猜測與直覺準則均可將 E_2 均衡解惕除，直覺準則所根據的理由是：第 I 個參賽者在做了以下公開說明後會脫軌而不懼怕決鬥：「我習以啤酒作為早餐」，這可以使第 II 個參賽者相信我是強者。因為第 I 個參賽者如果是強者，

可以想像對他唯一的好處是早餐繼續喝啤酒。如果第 I 個參賽者是弱者,雖然不會想要早餐喝啤酒,但如果他假裝自己是強者,而且消息是可靠的,則第 I 個參賽者可以從早餐喝啤酒之中得到好處。

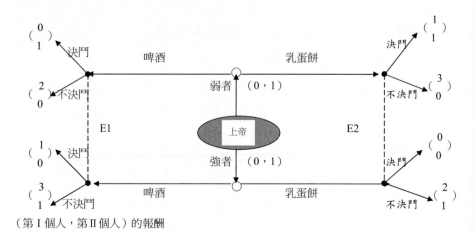

（第 I 個人,第 II 個人）的報酬

圖 18-2　啤酒-乳蛋餅賽局

18-3　從歷史看賽局與直覺法則

　　中國歷史上當國家動盪時總會激發出優雅的哲學思想與優異的人才,當然免不了出現許多精彩的故事。春秋戰國時代諸子百家大放爭鳴、孫子兵法至今淵源流傳,全世界兵家與商界奉為聖典。三國時代猛將如雲,多如繁星,戰場競技精彩絕倫,主控三國局勢的曹操還寫過曹氏兵法。然而人非聖賢,仍有犯錯之時。我們以發生在三國時代的三段小故事,說明賽局的推導精神。

18-3-1　虛實相間,曹操計騙呂布

　　東漢興平二年,曹操 41 歲時,呂布與陳宮率領一萬多人進攻曹操營寨。當時曹軍大都出去收割麥子,在營中的,包括曹操本人,還不到一千人。曹操不慌不亂,命婦女留在營裡,他率領少數兵馬列隊於營外。呂布見曹操兵力單

薄，女人擔任守備，頗感納悶，觀察地形地物時發現西邊有大堤，南邊則是茂密深廣的樹林。呂布懷疑曹操用誘敵之計。他說：「曹操詭計多端，我們不要上他的當。」於是退兵十餘里。

呂布難得聰明，卻反被聰明所誤，曹操緊急調回割麥的兵馬，穩住陣腳。呂布知道上當，第二天捲土重來，曹操把一半兵力埋伏起來，另一半暴露在外。呂布心想曹操又再虛張聲勢，不再受騙，於是輕敵冒進。曹軍且戰且退，誘引呂布大軍逼進埋伏圈時痛擊，大破呂布。

以空城計退敵，說來還太消極。虛虛實實，讓對手摸不清底細，進一步設計陷阱，痛敵對手，才是積極的作法。曹操算準凡人上一次當、學一次乖的心態，擺布呂布於掌心之上，用計運策效果百分百。趙雲用的空城計也屬此類，退敵之餘，更精心設計，易守為攻。這回上當的是曹操。

18-3-2　趙子龍一身都是膽

在劉備和曹操展開漢中爭奪戰的當時，某一日曹操派兵在北山下運送數千萬袋米，劉備麾下的老將黃忠見有機可乘，決意劫糧。過了好一段時間，還沒回營，趙雲帶著數十名騎兵出營探查。忽然大批曹軍出現在面前。趙雲且戰且退，逃回營區。趙雲的部將見曹軍來勢洶洶，準備關閉營門。不料，趙雲反其道而行，下令大開營門，偃旗息鼓。

大門一開，藝高人膽大的曹操，反而懷疑內有伏兵，不敢追殺，急忙退去。趙雲見曹軍一退，立刻轉守為攻，下令軍士擂鼓，霎時鼓響震天，聲威嚇人。趙雲領兵從營內殺出，卻不接戰，只以勁弩從後面猛射。曹軍驚駭，自相蹂踐，許多人墮入河中淹死。次日，劉備來到趙雲營寨，檢視昨日戰場，不禁讚嘆：「子龍（趙雲字子龍）一身都是膽也。」

唯有一身都是膽才敢弄險，開門揖敵。也唯有智謀過人，才有本事在這場賭注中勝出。《草廬經略・虛實》說，用兵時應「虛而虛之，使敵轉疑以我為實。」這句話可作為空城計最好的註腳。智勇雙全，善莫大焉。

18-3-3　空城計；假孔明氣走司馬懿

諸葛亮駐守西城，驚聞街亭失守的消息，料想司馬懿定會乘勝來攻西城，諸葛亮內心焦急萬分， 因為精銳部隊已均被遣出，西城空虛、無兵可守，在危急之中，諸葛亮大膽定下空城之計，令老軍打掃街道，大開城門，而他帶著琴童自坐城頭，飲酒撫琴等待司馬懿的大軍到來。

司馬懿兵臨城下，見此情形，心生疑惑，他深知諸葛亮素來用兵謹慎，因此不敢貿然進城，竟令部隊倒退四十里。但當司馬懿得知西城是座空城時，又命眾將複奪西城，可是他萬沒想到諸葛亮已將趙雲調回，於是倉促驚退收兵。

司馬懿面對諸葛亮空城計推論其真假之方法有三：

(1)　用貝氏定理推論。如果司馬懿擁有諸葛亮過去面對同樣情境的處理模式與機率時。

(2)　直覺法則：諸葛亮揮軍北上志在速戰速決，統一中原。以其用兵之神無需故做玄虛便可獲勝，因此「故做玄虛」是因為諸葛亮心虛所致。

(3)　被動猜測：從諸葛亮當時神態舉措是否正常(如是否流汗，是否發抖等現象)研判諸葛亮的空城計是否為真。若無任何跡象可查則以 half-half (1/2)作為機率。

諸葛亮事後分析：「此人（司馬懿）料吾生平謹慎，必不弄險，見如此模樣，疑有伏兵，所以退去。」

諸葛亮猜對了，司馬懿猜錯了，所以諸葛亮不費一兵一卒智退司馬懿 15 萬大軍。司馬懿對諸葛亮的了解並不算錯，錯在於忽略了一個人走投無路可能鋌而走險。也就是諸葛亮說的：「吾非行險，蓋因不得已而用之。」

運用空城計必須了解對手的內心世界，了解對手的思惟模式，才能以心術為戰術，此為賽局推導的核心精神。戰國時代兵家孫臏說：「伐國之道，攻心為上。」熟讀兵書的馬謖在《三國演義》說：「用兵之道，攻心為上，攻城為下；心戰為上，兵戰為下。」空城計便是攻心的一種。

19　代理問題與解決之道

一個人從別人的觀念來看事情，能瞭解別人心靈活動的
人，永遠不必為自己的前途擔心。

研究「代理」相關問題時，常會討論未服從主理人指示而作出錯誤決策的
代理的問題，所以委託人─代理人（Principal-agent）的觀念常應用到道德危險
的模型中。但這種型態不只適用在道德危險模型，也適用於其他不對稱訊息的
模型情況。

代理的問題的發生起因於資訊的不對稱（Asymmetric Information）；而逆選
擇的發生則起因於資訊不完全。模型的參賽者是代理人與委託人，通常以代表
性個人（Representative individuals）表示。委託人僱用代理人來執行工作，而
代理人對於自己的類型、採取的行動或某時點的外在環境，皆擁有訊息上的優
勢。一般均假設參賽者於賽局的某時點訂定具約束力的契約（binding
contract），講好在委託人觀察到某確定結果後，即付給代理人事先約定的金額
為報酬，這種模型的背後，均隱含假設存在一個虛擬法庭，用以處罰任何明顯、
可被證實的背離契約行為。

**委託人（the Principal）或未擁有私人訊息的參賽者（uninformed
player）指的是擁有較粗略的訊息分割（information partition）的參賽者。**

**代理人（the agent）或擁有私人訊息的參賽者（informed player）指的
是擁有較精細的訊息分割的參賽者。**

19-1　不對稱訊息模型的類別

圖 19-1 表示上述五種委託人─代理人問題的賽局樹。在每一個模型中，委
託人（P）提供代理人（A）某契約，代理人考慮接受或拒絕該契約。在一些模
型中，上帝（N）會先行動或代理人會選擇投入工作的程度、釋放信息（message）

與訊號（signal）。道德危險模型(a)(b)爲完全訊息、具不確定性的賽局。委託人提供契約，在代理人接受後，其工作表現受到上帝干擾。

在圖 19-1(a)隱藏行動的道德危險模型中，代理人在上帝前先行動。公務人員考試或部份考試的機制存在著此類隱藏行動的道德危險，在台灣多數人皆習慣在考試前到補習班進行考前補習，真正有實力未必考得上；沒有實力者卻因爲惡補而幸運考上。當這些沒有能力的人進入公務機關，主管只能被動接受他的工作能力。

圖 19-1(b)隱藏訊息的道德危險模型中，上帝在代理人前先行動，代理人再傳遞信息告知委託人上帝所採取的行動。台灣常以考試爲篩選機制，例如大學師範體系是訓練師資的殿堂，所有未來的老師應該都能具備老師的條件，然而考進師範大學的考生未必具備當一名稱職老師的條件；具備當一名稱職老師條件的考生未必考得進師範大學。當部份不適任老師的考生進入師範大學之後才被發現，這就是一種隱藏訊息的道德危險模型。同樣的道理，許多公司在經由面試後所獲得的員工都在進入公司後才顯現出來他真正的實力，其實與面試當時的優良表現判若兩人。

逆向選擇模型擁有不完全訊息，所以上帝先行動，它以代理人的工作能力爲基準，爲其挑選類型。在最簡單的模型，如圖 19-1(c)，代理人只簡單地接受或拒絕契約。如果可傳遞訊號給委託人，即圖 19-1(d)(e)。若代理人在委託人提供契約前傳遞訊號，則爲訊號賽局；若代理人在委託人提供契約後傳遞訊號，則爲篩選賽局。訊號不同於信息，前者爲一花費成本的行爲，後者爲不需成本的陳述。某些逆向選擇模型考慮不確定性，有些則否。

在圖 19-1(c) 的逆向選擇賽局中，代理人在賽局一開始就知道自己的能力，而主理人卻不知道。例如商業銀行借款給企業皆經由一套評量標準進行，而台灣的企業具被有二本帳，甚至三本帳者比比皆是，銀行要不動產抵押品他也有，但並不代表他就有還款的能力。形成帳面越美化，還款能力越有問題的

狀況。傳言中許多在台灣經營不善的企業，以高估的資產估價由銀行高額借貸在轉進大陸發展，把爛攤子丟給銀行處理時有所聞，所謂「債留台灣，錢進大陸」就是典型的寫照。

在圖 19-1(d) 的訊號賽局中，代理人在賽局一開始就知道自己的能力，而主理人卻不知道，但代理人在委託人提供契約前傳遞訊號以獲取主理人的信任以便獲得契約。預售屋制度起源於台灣，由於建商繁多、良莠不齊，許多的購屋人積畢生的積蓄可能買到的是一個沒有保障的窩（可能施工技術不良或原料有問題等）。一些信譽良好的建商常提供其過去優良的建築歷史與建案以搏取購屋人的信任而下訂購買。諸葛亮重用馬謖，在於馬謖平日展現出飽讀兵書，似乎擁有帶兵實力，諸葛亮彷彿看到年輕時的自己，故委以重任。但卻在最關鍵的時刻-街亭一役卻讓蜀漢損失慘重，諸葛亮只好揮淚斬馬謖並自請處分。

在圖 19-1(e) 的篩選賽局中，代理人在賽局一開始就知道自己的能力，代理人在提供契約後對委託人所提供報酬進行適當回應，以傳遞訊號以獲取主理人的信任。公共工程常歷時多年，包商依期領款，發包單位則嚴密監工，當發包單位依約付款時，包商依期依約完成工程進度；但若發包單位未依約付款時，包商可能拖延時日甚至於怠工。

總而言之，若以雇主（委託人）聘請員工（代理人）的互動行為再綜合說明。如果主理人知道代理人的能力，但不知道他的工作努力程度，則此問題屬於隱藏行動的道德危險。若雙方在賽局的初始，均不知代理人的能力，但一旦代理人開始工作，代理人會立即知道他的能力，則此問題屬於隱藏資訊的道德危險。若代理人在賽局一開始就知道自己的能力，而主理人不知道，則此問題屬於逆向選擇。若代理人除了賽局一開始就知道他的能力外，他還可在與主理人簽約前，透過某方式讓主理人相信他是高能力代理人，則此問題可用訊號賽局分析。若代理人透過對主理人提供的工資的反應取得主理人信任，則此問題可以篩選賽局分析。

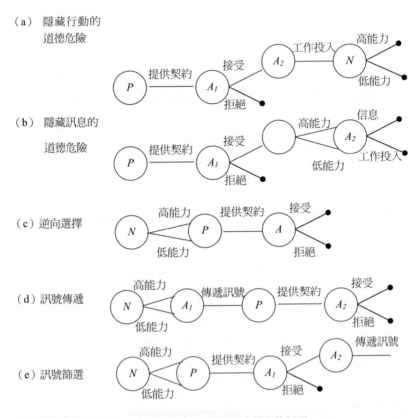

（a）隱藏行動的
　　道德危險

（b）隱藏訊息的
　　道德危險

（c）逆向選擇

（d）訊號傳遞

（e）訊號篩選

圖 19-1　不對稱訊息模型的類型

　　以上五大分類之中並沒有嚴格分野，只是慢慢從眾多的文獻中演繹而來。特別是有些學者將隱藏訊息的道德危險模型與篩選模型本質上認定為逆向選擇模型。例如，Myerson 就將所有參賽者可能會做出錯誤行動的問題統稱道德危險；將所有參賽者可能會誤報訊息的問題統稱為逆向選擇。[80]另外部份經濟學家並不認為訊息賽局與篩選賽局有何不同，而交互使用他們。在作者的認知中，

由代理人可能會做出錯誤行動或發射錯誤訊息的賽局問題統稱道德

---

[80] Myerson, Roger, 1991, *Game Theory: Analysis of Conflict*, Cambridge, MA: Harvard University Press, p.263.

危險模型；在代理人獲得契約後做出違背主理人利益的行動的賽局問題統稱逆選擇模型。

例如，某家企業向銀行申請借款時以美化的帳面資料獲取銀行信任，是一種道德危險模型；當這家企業已經獲得銀行借款後卻因主客觀條件無法償還債務，則是一種逆選擇模型。

另外，當訊號（signal）一般指的是任何會透露訊息的變數。大多數學者並未仔細思考這些定義的不同而混淆使用，但當我們深入探究這些模型時，區分他們的重要性就十分明顯。表 19-1 列舉不同模型的應用例子，以幫助讀者作一整合。

表 19-1　委託人—代理人模型的應用

模型	委託人	代理人	行動、類型或訊號
隱藏訊息道德危險	股東	公司管理階層	市場需求／投資決策
	保險公司	投保人	身體狀況
隱藏行動道德危險	投保人	保全公司	防盜措施
	保險公司	投保人	飲酒，吸煙
	地主	佃農	努力耕作與否
	股東	經理	工作努力（代理問題）
	住戶	房東	房屋修繕
	房東	住戶	房屋維護
	社會	罪犯	偷盜的次數
	選民	政治人物	政治語言
逆向選擇	銀行	貸款戶	還款能力
	保險公司	投保人	健康狀況
	雇主	雇員	工作技能
訊號傳遞	雇主	雇員	工作技能／教育水準
	買者	賣者	產品品質／品質保證期
	投資者	股票發行人	股價和保留盈餘比例
訊號篩選	政府	包工	工程進度
	法律委任人	律師	官司辯論品質
	情報委任人	私家偵探	偵查品質

19-2　不對稱訊息模型的解決之道

訊號傳遞與篩選是逆向選擇的特例，而逆向選擇又是隱藏知識的特例。

在隱藏訊息與隱藏行動的道德危險賽局中，訊息都是完全的；在逆向選擇、訊號傳遞、篩選賽局中，訊息都是不完全的。

讀者應留意，有些人可能會誤以為在隱藏知識的道德危險賽局中，即使一開始訊息是完全的，最終也變得不完全。但這種敘述違反我們對靜態賽局中完全訊息的定義。其間最重要的區別在於參賽者是在訊息不對稱形成前或形成後訂定契約，以及參賽者的行動是否為共同知識？如果在參賽者在訊息不對稱形成後訂定契約，則是訊號傳遞與訊號篩選，也是一種逆向選擇。主理人降低「逆向選擇」的方法可分為事前控管與事後控管二種。

事前控管意味在對代理人能力高低上進行更確實的篩選機制。如政府對承包商等級的要求從嚴、法律委託人慎選委任律師、預售屋買方對建商作更清晰的瞭解、投資人對上市公司作徹底的研究等。對於單純的逆向選擇模型，則可以用事前確實的信用調查降低貸款戶的逆選擇、事前確實的保戶資料調查降低高度危險保戶比率。

事後控管意味在契約簽訂後的品質控管。如政府對承包商施工品質與進度的嚴密控管、法律委託人與委任律師充份配合並依約付款、預售屋買方對建商施工品質與進度的嚴密控管、投資人對上市公司作嚴密監督。對於單純的逆向選擇模型，則可以用動態信用調查與法律規範降低貸款戶的呆帳比率、出險時更嚴格資料審核降低高度危險保戶比率。請參見 19-2 所示。

在委託人提供代理人的契約模型中，代理人在隱藏私有訊息下考慮接受或拒絕該契約，上帝則決定代理人會選擇投入工作的程度、釋放信息（message）與訊號（signal）。如果需要投入工作才能得知代理人的能力則稱為隱藏行動道德危險模型；假若接受契約後便得知代理人的能力則稱為隱藏訊息道德危險模型。所以道德危險模型為完全訊息、具不確定性的賽局。

　　基本上，主理人只能在事前進行控管以降低「道德危險」，事後控管皆為亡羊補牢之策了。例如，在隱藏訊息道德危險模型中，股東可對上市公司做更透徹的研究再投資，以降低公司管理階層的代理問題，事後只能以提高避險策略方式防範。在隱藏行動道德危險模型中，可加強公司治理能力來作事後控管機制。在租賃關係中，房東與住戶互為代理關係，住戶為了降低房東的隱藏行動道德危險，有必要在簽約前嚴格檢查設施；房東為了降低住戶的隱藏行動道德危險，有必要在租約上訂定清楚嚴格條款。在政治上，常看到政治人物選前大開支票，選後一一跳票，選民為了降低政治人物的隱藏行動道德危險，應以長期眼光檢驗政治人物所提政見的可信度而非流於情緒盲從。請參見 19-3 所示。

表 19-2　逆向選擇模型的改善

逆向選擇模型類型	主理人	代理人	事前控管	事後控管
逆向選擇	銀行 保險公司 雇主	貸款戶 投保人 雇員	事前確實的信用調查 事前確實的保戶資料調查 更嚴謹的甄才過程	動態信用調查與法律行動 出險時更嚴謹的審查 更好的在職訓練與淘汰制度
訊號傳遞	雇主 買者 投資者	雇員 賣者 股票發行人	更嚴謹的資料審查與甄才過程 對賣方做更透徹的調查 對上市公司做更透徹的調查	更好的在職訓練與淘汰制度 交貨品質的嚴格控管 上市後更嚴格監督
訊號篩選	政府 法律委任人 情報委任人	包工 律師 私家偵探	慎選承包商 慎選委任律師與更好的契約條件 慎選私家偵探與更好的契約條件	發包後更嚴格的工程監督 委任後更密切的合作與付款 委任後更密切的合作與付款

表 19-3　道德危險模型的改善

道德危險 模型類型	主理人	代理人	事前控管	事後控管
隱藏訊息 道德危險	股東	公司管理階層	對上市公司做更透徹的研究再投資	做好避險規劃
	保險公司	投保人	事前確實的保戶資料調查	出險時更嚴謹的審查
隱藏行動 道德危險	投保人	保全公司	慎選保全公司	必要時更換保全公司
	保險公司	投保人	事前確實的保戶資料調查	出險時更嚴謹的審查
	地主	佃農	選擇良好的佃農	必要時更換佃農
	股東	經理	對上市公司做更透徹的研究再投資	加強公司治理能力
	住戶	房東	簽約前嚴格檢查設施	嚴格執行合約
	房東	住戶	租約訂定清楚嚴格	嚴格執行合約
	社會	罪犯	強化社會教育與民防觀念	強化公權力
	選民	政治人物	檢驗過去政治言行	下次修正投票行為

20 後 G20 的世界經濟展望

『上上等人是佈局者；上等人是改變賽局者；中等人是
適應賽局者；下等人是被賽局擺佈者』

　　值此金融風暴未歇，全球為解救陷入經濟泥沼的當頭，如何把賽局的分析
技巧運用到後 G20 的世界經濟展望中，讓作者深思是否在書尾以此主題做結，
讓時間去驗證賽局的實用性如何？本章便以「後 G20 的世界經濟展望」為主
軸，藉由四大主題之探討：囚犯的兩難賽局：同氣連枝還是同床異夢？沙灘賽
局－倚天既出誰與爭鋒，美國霸主地位的動搖；智豬賽局－馬英九對大陸的老
二主義；福利賽局－當落難虎碰上自肥貓，做為本書之後記。

20-1 囚犯困境（兩難）賽局：同氣連枝還是同床異夢？

20-1-1 基本概念說明

　　納許最有名的「囚犯困境（兩難）」賽局，就是典型的不合作而且衝突的
賽局。參賽雙方基本上面臨利益上的衝突，而利益的高低正負則決定於參賽者
間的賽局出招結果。

　　在警察分離偵訊情況下，為避免串供，對囚犯犯採取「抗拒從嚴，坦白從
寬」原則，設定了以下報酬結構：如果兩人都否認，警察沒有確鑿的證據，偵
訊不得要領，關一年後只能無罪開釋，報酬（-1，-1）；如果兩人都承認，那麼
兩人就因其犯行得到懲罰，都關上 8 年，報酬（-8，-8）；第三種情況，甲否認，
乙承認，乙描述了犯罪事實，基於他當污點證人，就把乙給無罪開釋，但是否
認的甲，抗拒從嚴，總共要關 10 年，報酬（-10，0）；第四種情況是甲承認，
乙否認，甲無罪開釋，乙卻得被關 10 年，報酬（0，-10）。

　　因為警方製造了利益衝突：「萬一我否認，對方承認，那麼他沒事，我得被

關 10 年，這太危險，爲了避免對方背叛犯案前的共同誓言，不如我先承認了
吧。」在利益衡突下，彼此缺乏信任，明知一起否認犯行是最好的結果（Pareto-
optimality 解），但因爲分離偵訊的關係，加上互不信任對方，在自利行爲下造
成了一個不合作賽局。單方面維持協定是沒有用的，太容易被對方利用，自陷
被關 10 年的危險中，索性承認。當雙方都如此思考，結果便落入被關 8 年的
相對不利處境。『囚犯困境賽局』就是沒有任何機制可以讓兩人互信下，在特
定的報酬結構下衍生出的不良結局。（請見表 20-1）

表 20-1　不合作賽局有衝突：囚犯的兩難

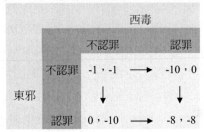

（東邪，西毒）的報酬

20-1-2　背景說明與賽局討論

1. 背景說明

G20 領袖在英國倫敦參加高峰會，討論如何搶救全球經濟，是金融風暴後
全球強權國家最正式的合作會議。主持高峰會的英國首相布朗（Gordon Brown）
希望這次會議能幫助全球擺脫 1930 年代大蕭條（the Great Depression）以來最
嚴重的經濟衰退，並爲金融體系新規範奠定基礎。[81]

然而在他們坐下來談之前，還得先竭力擺脫各大洲之間意見分歧的話題。
美國總統歐巴馬及其他 20 國集團（G20）領袖都提出不同的經濟搶救計畫、不
同的金融市場監管方法。

---

[81] 法新社 2009/03/30，領袖盤算各不同 G20 高峰會可能淪爲大拜拜。

　　金融海嘯之後，美國要求歐洲要同步增加振興經濟支出，歐洲倡議重建金融監理制度，是美歐衝突的大致輪廓。儘管歐巴馬稱此二者毫無衝突，但一般都認爲歐美芥蒂已深。而且「芥蒂已深」這個名詞並不精確，因爲歐洲並非一體，內部還有分歧，歐洲的對美嗆聲子則由法德主導。

　　法德兩國遭遇金融海嘯衝擊的程度並不對等，兩國的振興經濟方案也不相同，法國總統沙克吉與德國總理梅克爾兩人個性也不一樣，面對大選的壓力也不同，但金融海嘯卻把這兩個世仇之國團結在一起。他們都反對盎格魯薩克遜式的經濟，一致主張建立一個全新的跨國金融監督與規範機制。這個主張直接威脅到紐約－倫敦的世界金融中心霸主地位，所以美國反對，英國不愛。「法德同步」的現象能維持多久？又是否會影響歐盟日後的發展，是我們觀察的重點。[82]

　　除了以上議題外，眼前最棘手的莫過於保護主義的興起。國際貿易組織（WTO）預期 2009 年全球貿易將衰退九％，這是自二次大戰以來最嚴重的衰退。全球貿易的迅速崩潰，部分來自於全球化的反撲。不過，英國《經濟學人》指出，**問題的癥結是許多國家開始提高關稅，保護國內產業**。根據世界銀行的調查，各國政府均鼓勵民眾要愛用國貨，G20 中就有高達十七個國家提高關稅，例如，俄羅斯與印度都針對不同產品提高進口關稅，中國則以安全理由禁止進口愛爾蘭豬肉和義大利白蘭地酒。目前最大的隱憂是，如果主要國家均築起貿易壁壘，那麼勢必延緩經濟復甦的日子。近來，澳洲政府便警告中國，除非北京取消農產品關稅壁壘，否則澳洲將退出與中國的自由貿易協定。[83]諸如此類的**國際間裂痕將證明 G20 間的共識就像一張紙片般的脆弱，當 G20 各國的保護主義無法被消弭，共識將成爲共死**。（請見表 20-2）

　　當 G20 高峰會舉辦之際，歐洲各大城市的示威遊行抗議不斷，抗議人潮高舉「資本主義已死」、「還給窮人正義」等標語，要求各國政府應維護經濟正義提供更多工作機會，確保窮人的生活等。這些來自社會底層積壓已久的意見如

---

[82] 天下雜誌，2009/04，G20 鋪展的國際政治格局。
[83] 昆士蘭日報，2009-04-23，遭關稅壁壘－澳威脅取消對華貿易。

同壓力已屆邊緣的壓力鍋般,不可能被各國政府所忽略:當顧自己已疲於奔命,哪有多餘精力去顧別人?

俗語說:「日頭赤燄燄,隨人顧性命」。我們可以陸續觀察要達成世界性的共識有多麼困難。

德法二國領袖梅克爾與沙柯吉 2009 年 4 月在 20 國集團(G20)峰會上曾聯手施壓,迫使各國達成監管金融市場和制裁避稅天堂的共識。會後六月兩人在德國「星期世界報」和法國「週日日報」發表聯名信,暢談歐盟未來金融改革的方向,試圖主導歐盟的腳步,此舉受到矚目。[84]

歐盟 27 國領袖將在同年 6 月 18、19 日兩天,在比利時舉行高峰會,金融體系改革是這次峰會的主要議題。梅克爾和沙柯吉表示,缺乏監管的自由市場體制已經失靈,才導致當前嚴重的金融危機,未來改革的目標是走向「負責任的市場經濟體制」。他們強調歐盟應該在即將來臨的峰會上針對對沖基金的監管、避稅天堂和金融業領導階層的紅利,通過必要的規範,建立為企業服務和保障存款人的金融體系。二人在聯名信上呼籲世界貿易組織建立有效的機制,監督政府過度補貼企業,造成競爭力被扭曲的現象,並提議「在這樣的機制尚未建立前,歐盟應考慮實施過渡的解決辦法」。

國際間的貿易壁壘植基於各國自顧不暇的經濟困境與金融沉痾。國際貨幣基金(IMF)2009 年 3 月 19 日在華盛頓舉行的論壇會議上,許多經濟學家熱烈辯論美國是否會重蹈日本在 1990 年代經歷的相同命運,擔憂陷入長期的經濟停滯。[85]

已經消失十年的日本,是否會再消失十年?日本 2009 年二月份出進口再創史上最大跌幅。日本有長期的結構性問題,包括日本人口老化,內需力不足,有錢的人不敢花錢,想花錢的人卻又沒錢花;日本累積債務占 GDP 比重超過百分之百等。[86]

---

84 中央通訊社,德法領袖聯手籲歐盟領導世界克服金融危機,2009/6/1。

85 聯合晚報,IMF 警告:美恐陷日本失落十年危機,2009/3/20。

86 中國時報,日本再消失十年?學者:長期結構難改善,2009/4/8。

　　在 2008，日本經濟領先衰退，負成長百分之零點六，這是世界上主要國家中唯一陷入衰退的國家，這一波金融海嘯，仰賴外銷的日本也難以倖免，2008年前半年的「套利交易」平倉造成日元升值，更讓日本出口雪上加霜；2009年二月份出口大跌百分之五十，進口大跌將近百分之四十五。

　　貿易保護主義不僅在新興國家歷史悠久，即使在美國，已有國會議員主張將「買國貨條款」納入擴大內需方案預算條款中。貿易保護主義心態雖然值得同情，但過度的保護主義卻是全球經濟的最大威脅。**諾**貝爾經濟學獎得主克魯曼就表示：貿易保護主義與結構性失衡等五項威脅，讓未來十年全球經濟的前景相對黯淡。

　　克魯曼自稱是個「短期樂觀主義、中期悲觀主義、長期樂觀主義」的經濟學家。他預期全球經濟狀況，會比日本的「失落十年」還要糟糕，日本當年還能靠出口復甦，全球要靠出口復甦，「除非和另外一顆星球貿易」。[87]

2. 賽局討論

　　當世界各國自顧不暇，不願意伸出善意的手卻期望別的國家可以共體時艱分一杯羹的情況下，貿易壁壘將是未來十年內無法躲避的現實狀態。**當貿易壁壘已成，互惠的共識將更艱難落實。各國經濟復甦之路遙遙無期，世界將陷入共同的經濟泥沼之中**。（請見表 20-2）

(1)當 A 國與 B 國拋棄本位主義，以復甦全球經濟為最高準則。則遭受金融風暴影響的個國將因為互通有無、共存共榮而減緩持續衰退的困境。此時 A 國與 B 國的報酬是（-1, -1）。

(2)當 A 國與 B 國中其中一國拋棄本位主義，以復甦全球經濟為最高準則；但另一國打如意算盤，希望對方開放市場藉此復甦本國經濟，卻有限制地開放本國市場（保護本國產業）。在貿易壁壘之下，受惠的一方報酬為 5、主動開放本國市場卻得不到相對貿易利益的一方將因對手國「以鄰為壑」而受害（當門戶大開，藉此獲利的對手國將不是一國罷了。），報酬為-6。

---

[87]　中國時報，克魯曼:靠出口？除非銷外星球，2009/5/15。

(3)當 A 國與 B 國皆自私地想以鄰為壑，希望對方開放市場藉此復甦本國經濟，卻有限制地開放本國市場。在貿易壁壘風潮之下，A 國與 B 國經濟將因外銷停滯而同時衰退，報酬是（-5, -5）。則世界經濟的復甦將會是遙遙無期。

表 20-2　G20 的囚犯困境

		B	
		開放	不開放
A	開放	-1，-1 ⟶	-6，5
		↓	↓
	不開放	5，-6 ⟶	-5，-5

（A 國，B 國）的報酬

　　由於目前全球金融海嘯的肆虐未停，許多國家都捉襟見肘、窮於應付。因而，全球化所帶來的負面影響，更增強了區域化發展的必要性。在這個國際大環境的影響下，不少國家立即採取保護主義的傾向，這將更會讓國際經濟情勢持續惡化，而區塊經濟可行性會高過世界自由貿易

　　例如，金磚四國領導人 2009 年 6 月 16 日在俄羅斯召開首次高峰會，它傳遞給全世界一個明確的信號：金磚四國將不再單純只是報告上的文字遊戲和一些統計數字上的虛擬組織，而是開始進行一些可操作性的經濟合作方案了。比如說，中俄間貸款換石油協議已經進入實施階段，巴西國家石油公司也獲得了中國銀行聯貸的百億美元貸款。

　　然而金磚四國間的合作會如預期順利嗎？例如四國在世界經濟鏈條上力道不夠，光靠廉價勞工與資源、光靠國外市場累積競爭力的方式是不穩固的。巴西的農產品、俄羅斯的石油、印度的外包服務業、中國的製造業產品全都靠已開發國家市場發達而彰顯價值，如果已開發國家市場萎縮，如何有效以內需市場替代是一難題。另外夾雜著諸如中印之間領土爭議懸而未決，西方國家惡

炒「龍象之爭」以收漁利。由此來看，金磚四國間的金融與經濟合作較可行，但如果進一步要組成強力聯合體或自由貿易區，並把經濟力轉化為政治力、在世界上站有一席之地，還有諸多困難需待克服。

另外四國不具備共同的價值觀，金磚四國恐怕只是經濟學家們創造出來的一個辭彙。嚴格上來講，四國間並不搭嘎，俄羅斯在短暫的效仿西方世界民主體制後又慢慢回到威權時代，中國是共產黨領導的非典社會主義國家，巴西和印度則是社會問題堆積如山的民主國家。金磚四國不像歐美國家一樣，是在共同價值觀基礎上形成的聯盟；更不像歐盟，有著成熟的政治合作機制。[88]所以要密切結盟恐怕「講的會比做的卡簡單」。

20-2 沙灘賽局－倚天既出誰與爭鋒，美國霸主地位的動搖

20-2-1 基本概念說明

所謂「沙灘賣冰理論」，是指在一處佈滿泳客的沙灘上，在假設每點的泳客密度都相同情況下。有數家冰店準備進駐，他們該怎麼選擇店址？

如果只有一家冰店進駐，不容懷疑，你一定是開在海灘正中間，因為你可以照顧到所有的顧客。但如果兩家冰店準備進駐，他們該怎麼選擇店址？其中就可以看到策略選擇與自利動機的影響下，呈現極特殊的型態。

如圖 20-3 所示，若將沙灘視為橫軸，最左為 0，最右為 1，冰店究竟應設在哪個座標上（0、1/4、1/2、3/4 或 1），才能吸引最多的泳客來消費？這代表冰店的最大利潤。

從 0 到 1 之間，有許多分佈點，要往中間開店呢？還是往 1/4 或 3/4 的地點開店？以泳客的角度，當然希望到最近的冰店買冰最方便。但是，如果你選擇在 1/4 點開店，另一家則在 3/4 的點開店，那麼，從 0 到 1/2 的泳客可以走到 1/4 點買冰，而從 1/2 到 1 的泳客則可以走到 3/4 點買冰，二家冰店瓜分市場，對泳客都相當方便。

---

[88] 取材自王沖：金磚四國"難改世界經濟秩序，鳳凰網部落格 http://blog.udn.com/ifengblog/3036838，2009/6/12。

　　但隨著兩家冰店追求最大利潤目標下，經過賽局的實際摸索，他們不會停留在 1/4 和 3/4 點，而都會向 1/2 點靠攏。因為此一動作可以繼續瓜分 1/4（或 3/4）與 1/2 間的市場。1/4 點的店會想往右邊多移個十公尺，那麼從 0 到離 1/2 點右邊五公尺的泳客會想到這兒買比較近一點，就能順利擴充市場，增加利潤。同樣的，設在 3/4 的另一家冰店也會想往左邊多移個十公尺，那麼在 1/2 右邊的泳客，都會想到這兒買冰近一點，它又與另一家冰店平分市場了。

　　結果兩邊力量相當，兩家店都向中間靠攏，直到 1/2 點才會停止。這樣達到的狀態，雖未必對泳客最有利（因為兩家冰店都開在沙灘正中間，僻鄰而居，對位在邊邊上的顧客而言必須走遠路才能買到冰），但是競爭狀況卻相當穩定，任一家店都不想再移動，這就是冰店競爭的「納許均衡」。

　　但如果沙灘上有三家冰店，情況會比較複雜。如果有二家冰店已經開在沙灘中間，那麼第三家就不宜再往沙灘中間開，應該重新把一半的沙灘當一座沙灘看，則開在 1/4 或 3/4 處（甚至於往 1/2 處移動）會是一個很好的位置。如果它開在 1/4 處，則與原先中間靠左邊這一家冰店又瓜分了左半邊市場；如果它開在 3/4 處，則與原先中間靠右邊這一家冰店又瓜分了右半邊市場。原先的冰店受到衝擊，被瓜分市場的冰店如同被夾擊般腹背受敵，它也必須在適當時機提出反制策略。例如當第三家冰店往 1/2 處移動時，它退出中間沙灘佔據 1/4 或 3/4 處反而是更好的選擇，此時角色對調對第三家冰店反而不是明智之舉。

　　多人賽局（三家冰店、四家冰店、五家冰店、更多冰店）複雜許多卻很有趣。但有二原則不變：一為離其它冰店有點距離以保有市場；二為切忌開在沙灘邊邊上，恐怕有被逐出市場，消失之虞。

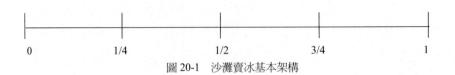

0	1/4	1/2	3/4	1

圖 20-1　沙灘賣冰基本架構

2-2-2 背景說明與賽局討論

中國過去三十年來的經濟崛起，讓世人刮目相看。但是在極端民族主義者眼中，中國始終少了一樣大國崛起的要件：「西方的沒落」。如今，資本主義遭受挫敗，美國超級強權的光環也褪了顏色，中國領導人儘管表面上未露得意，北京卻有一種中國即將再次崛起的自信氣氛出現。[89]

2009 年的 G20 高峰會一項重要且爭議極大的議題是提出未來全球金融體系的新藍圖，包括針對國際金融組織如國際貨幣基金與世界銀行的改革，呼籲給予開發中國家享有更多的發言權與投票權。**中國提議創立「超主權的儲備貨幣」以取代美元的國際儲備貨幣地位，俄羅斯亦提出建立新的國際貨幣以取代以美元為主的儲備貨幣系統。**此外，諾貝爾經濟獎得主，前世界銀行首席經濟學家，史迪格利茲領導的一個研究小組亦支持**以國際貨幣基金特別提款權（SDR）取代美元成為新的國際儲備貨幣，種種聲浪均指向強烈挑戰美元的霸權地位。**[90]（圖 20-1~20-2）

在 2008 年後，西方經濟陷入空前混亂，中國領袖認為這是個大好機會，就算不能一次就取代美國，至少也可以界此增加國際影響力。即使國內失業率上升，增加了不少壓力，中國官方在和其他國家對話時，已經顯得越來越有信心。[91]

人民銀行總裁周小川建議，創立新的國際儲備貨幣來取代美元，由 IMF 負責管理。不過，由於中國擁有近 2 兆美元的外匯存底，西方國家深怕一旦改革 IMF 的投票制度，中國很可能會成為 IMF 的領袖，將對需要金融援助的國家擁有莫大的影響力。

另外，金磚四國高峰會將於 6 月 16 日在烏拉山的耶卡特林堡(Yekaterinburg)舉行。克里姆林宮表示，新世界貨幣可能排上議程。巴西、俄羅斯、印度與中

---

[89] 經濟學人：2009/03，G20 的機會 中國該怎麼當「大國」。
[90] 中國時報社論，2009/04/02，－G20 千萬別淪為國際大拜拜。
[91] 經濟學人：2009/04，G20 中國露頭角，走進世界舞台中心。

國等所謂的金磚四國 (BRIC)領袖將聚會。根據克里姆林宮消息，俄國總統麥維德夫可能在會中討論他所倡議的組建全新世界貨幣構想。 [92]

麥維德夫不斷呼籲組建區域準備貨幣，力抗全球金融危機。當俄羅斯在 4月倫敦 20 國集團 (G20)的提案中包括組建一種「超國家貨幣」時便已吐露真意。俄國副財長潘金指出，區域準備貨幣是全球金融體系區域化「不可或缺」的一環。 德意志銀行貨幣策略師 Henrik Gullberg 指出，俄羅斯不斷倡議創設全新準備貨幣，導致美元近來連番走貶。

各欲崛起的大國紛紛盡打如意算盤，如同八大門派合攻光明頂，雖各懷鬼胎，目標卻是一致：把美國從世界唯一強國的寶座上拉下來。而為遂其所願，搶奪其手中的倚天劍：美元的獨霸地位，是第一步，至於屠龍寶刀由誰得手再說吧。目前倡議設創設全新準備貨幣如中國，倡議組建區域準備貨幣如俄羅斯、台灣、日本、東協等。（圖 20-4~20-5）

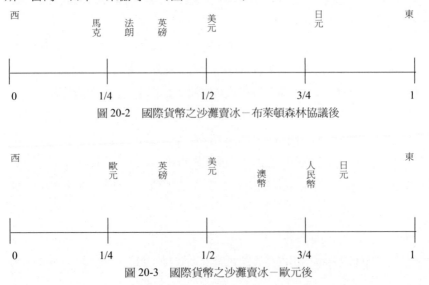

圖 20-2　國際貨幣之沙灘賣冰－布萊頓森林協議後

圖 20-3　國際貨幣之沙灘賣冰－歐元後

[92] 中央社，BRIC 高峰會本月登場 可能討論世界貨幣構想，2009/6/3。

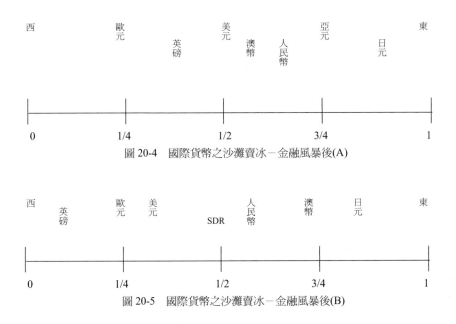

圖 20-4　國際貨幣之沙灘賣冰－金融風暴後(A)

圖 20-5　國際貨幣之沙灘賣冰－金融風暴後(B)

20-3　智豬賽局－馬英九對大陸的老二主義

20-3-1　基本概念說明

　　智豬賽局是一個弱者如何在「與強者共生」的環境中「借力使力」的賽局。在智豬賽局中，假設大豬小豬同在一個豬槽裏，豬槽的一端有一個按鈕，另外一端就是豬食的出口。只要一按按鈕，豬食出口就會放出 10 份豬食。如果兩隻豬都不按，就都吃不到豬食；如果大豬按按鈕，小豬可以吃到 4 份豬食，大豬也能吃到 6 份豬食；但如果是小豬按按鈕的話，只能吃到 1 份豬食，而大豬可以吃到 9 份；如果大豬與小豬一起按按鈕，小豬可以吃到 3 份豬食，大豬也可以吃到 7 份豬食。賽局方格如表 20-3。

　　在大豬和小豬的賽局中，小豬就有一個嚴格優勢策略，亦即等待大豬去按按鈕。如果再刪除小豬的嚴格劣勢策略的話，按按鈕其實也成為大豬的嚴格優勢策略。簡單說來，就是小豬可以搭大豬的「便車」。所以聰明的小豬總是借

助這種「後發優勢」來圖利自己。

表 20-3 小豬與大豬的賽局方格

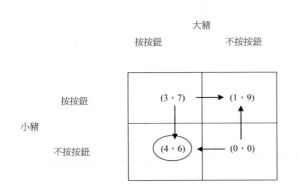

在智豬賽局中，小豬能夠坐享其成，其中的關鍵就在於大豬和小豬的根本利益是一致的，大豬和小豬有競也有合的關係，但實力卻有差距。但在實際例子當中，賽局雙方的實力不僅不均等，而且存在根本的利害衝突。這個狀況下，弱者就需要更多更大的智慧去尋求均衡點，維護自己最大的利益，在一些情況下，甚至不得不委曲求全。

20-3-2 背景說明與賽局討論

1. 背景說明

以國際情勢觀之，由於目前全球金融海嘯的肆虐，許多國家都捉襟見肘、窮於應付。因而，全球化所帶來的負面影響，更增強了區域化發展的必要性。在這個國際大環境的影響下，不少國家立即採取保護主義的傾向，這將更會讓國際經濟情勢惡化。因而，除了內部自我調適，盡可能減少保護主義的危害之外（第一節已討論其困難度），對外如何加速區域整合、共創雙贏，其實才是目前比較有效的脫困之道。[93]

---

[93] 國家政策研究基金會，國安(析) 098-003 號，兩岸簽署綜經協定勢在必行。

近日來，台灣對於是否要與對岸簽訂 CECA 鬧得沸沸揚揚，其實這項政策不但符合兩岸的特殊關係更順應了世界的潮流，而且勢在必行。CECA 乃是一項介於 CEPA 與 FTA 之間的政策規劃，CEPA 是中共與港澳在一國兩制的基礎上所簽訂的加強經貿安排，台北不能接受；而 FTA 則是一般國際間的自由貿易協定，北京也無法接受。因而必須在兩者之間找到妥善的安排，才有了 CECA 的構想產生。

若台灣無法與對岸簽訂 CECA，當 2010 年初東協加三的自由貿易市場生效後，某些產業就會面臨失去競爭力的危機。因而政府在這方面如何拿捏箇中分寸，才是各方必須關注的焦點，如何做到真正符合大多數人民的利益，考驗著馬政府的智慧。當部份產業將流失競爭力時，政府就必須提出相關替代方案，以便將損害降到最低，甚至於化危機為創造新商機的動力，政府全力扶持具有競爭力的產業，以便創造更高的產值。

2. 賽局討論

馬總統強調，簽訂「兩岸經濟合作架構協議」不只是為了與大陸進行更緊密的貿易往來，更是全球布局的一部分，今天不做，明天就會後悔。如果我們不簽「經濟合作架構協議」，未來台灣在東南亞經濟整合過程中將被邊緣化。

馬總統說：『過去民進黨執政 8 年，是兩岸投資貿易成長最快的階段我們出口到大陸去，到去年已經佔了我們的 40%以上，2000 年政權移轉的時候，只有 24%，可以想像現在的情勢，已經是非處理不可以的時候。』意謂著**馬總統捨阿扁時代與大陸間的「鬥雞賽局」，屈就於中國成為實質受益的『智豬』**。(請見表 20-4)

當台灣對中國仍然採取漢賊不兩立的對立局面，喪失兩岸聯手的契機，台灣與中國的報酬為（0,0）。(比較之基準點)

（1）在台灣與中國的經濟更緊密結合後，因為中國採取的刺激景氣措施而讓台商與台灣產業受惠。開放陸資來台亦可有效促進台灣經濟復甦。在互蒙其利的情況下，台灣與中國的報酬為（3,7）。

（2）在台灣與中國的經濟更緊密結合後，假如中國採取的刺激景氣措施不如預期，對台商與台灣產業受惠有限；開放陸資來台促進台灣經濟復甦亦有限度情況下，卻因為台灣大量開放內銷市場，讓陸資大量受惠。台灣與中國的報酬為（1,9）。

（3）在台灣與中國的經濟更緊密結合後，假如中國採取的刺激景氣措施如預期熱絡，台商與台灣產業皆有受惠；開放陸資來台亦可促進台灣經濟復甦，卻因為台灣沒有相對配合開放政策，搭上了這部經濟復甦便車，則受惠程度比配合中國政策來得高。台灣與中國的報酬為（4,6）。[94]

表 20-4 馬英九的智豬賽局

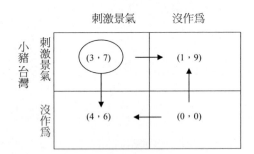

20-4 福利賽局－當落難虎碰上自肥貓

20-4-1 基本概念說明

　　福利賽局（The Welfare Game）建構在賽局參與雙方，「一方為捨，另一方為得」的關係上。賽局參與一方擁有資源；另一方想獲得資源。捨的一方希望得的一方行為符合己方之期望；得的一方希望行為符合捨的一方之期望，以便得到欲得的目的。例如以下關係：

---

[94] 以上分析無法有效量化政治因素及其後續效應。

- 政府與受福利照顧的失業者
- 政府與假釋犯
- 父母與小孩
- 技術母廠與授權廠商
- 政府與被疏困的廠商

　　最初的福利賽局建構以下情形的模型：政府希望救濟正尋找工作的窮人。而窮人只有在不能依賴政府援助時才會找工作。(請見表 20-5)

表 20-5　政府與窮人的福利賽局

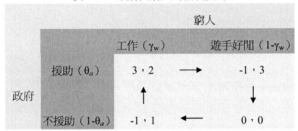

（政府，窮人）的報酬

每一個策略組合必須輪流被檢驗是否為 Nash 均衡。

（1）策略組合（援助，工作）不是 Nash 均衡，因為若政府選擇救濟，窮人將以遊手好閒回應。

（2）策略組合（援助，遊手好閒）不是 Nash 均衡，因為政府將轉移到不救濟窮人。

（3）策略組合（不援助，遊手好閒）不是 Nash 均衡，因為窮人將轉移到工作。

（4）策略組合（不援助，工作）不是 Nash 均衡，因為政府將轉移到援助窮人。而這又把我們帶回到狀況（1）。

福利賽局確實存在一個混合策略的 Nash 均衡。我們能藉由計算得到。參賽

者的在四種狀況下所獲得報酬如表 20-5 所示。經微分求解，得到混合式均衡條件為：

$\theta_a = \frac{1}{2}$；$\gamma_w = 0.2$，在混合策略 Nash 均衡，政府有 0.5 的機率選擇援助，窮人有 0.2 的機率選擇工作。均衡結果可能是結果矩陣四個項目中的任何一個。有最高發生機率的項目是（不援助，遊手好閒）和（援助，遊手好閒），每個的機率為 0.4（=0.5 [1-0.2]）。它說明了當政府補助窮人時，窮人永遠受益，而政府很難達成其刺激就業的目的。

20-4-2 背景說明與賽局討論

1. 背景說明

受到全球金融風暴衝擊，美國國際集團 AIG 蒙受鉅額虧損，面臨倒閉危機，由於該集團和全球金融業關係密切，一旦破產，恐將引發全球壽險業的大地震，美國政府 2008 年 9 月決定出手紓困，四度疏困總計砸下 1800 億美元銀彈。不料 AIG 膽大包天，竟由這些納稅人的血汗錢中撥出上億美元發放高階經理人獎金。此一醜聞遭媒體披露後在美國引發風暴，逼得新任總統歐巴馬不得不出面滅火，下令設法追回獎金，以免為此付出龐大的政治代價。[95]

就在「工作搞砸了不用受罰，反而有賞」，這等天下最好的美事下，保險業巨擘 AIG 卻證明這種離譜的事確實可能發生：左手接受政府金援紓困，右手大發獎金，消息傳出當然引發公憤。

AIG 不是唯一敢於如此蠻幹的企業，但目標最明顯，馬上成為全民公敵、眾矢之的。曾主導過 AIG 紓困案的美國財政部長蓋納更被罵得滿頭包，想想部長位子都還沒坐熱，國會已傳出要他下台的呼聲。歐巴馬眼見情況可能失控、引火上身，演變成政治風暴，急忙出面滅火。一方面表態力挺蓋納，一方面斥責 AIG 「輕率而貪婪，以致陷入財務窘境」。上電視受訪時自嘲「氣得說

---

[95] 中廣新聞網，2009/03/20。

不出話來」，並對美國民眾保證會全力遏止肥貓拿走獎金。眾議員賀德斯也批評，原本是金字招牌的 AIG 三個字母，如今代表的是傲慢（Arrogance）、無能（Incompetence）和貪婪（Greed）。

2. 賽局討論

美國眾議院馬上通過法案，將對黑心肥貓課徵 90％重稅，讓他們把受之應有愧的獎金再吐出來，此舉雖然有違憲可能，但也反映出全民心聲。據報導為順應民意，**歐巴馬政府將配合改革金融管理機制的行動，計畫加強監控被援助金融機構和其他企業高階主管的待遇。**

不只美國聲討肥貓之聲大作，反肥貓運動似乎邁向全球化。法國總統沙柯吉大力抨擊企業主管自肥的大膽作法，認為接受政府補助或解雇員工的企業，高層主管不應享有豐厚的離職金，所謂的「黃金降落傘」，也不該再獲獎金或配股，並誓言將以法令限制。瑞典更對國營事業訂下肥貓條款，規定高階經理人不得配發紅利，只能領取固定薪資。

肥貓若犯了眾怒，後果可能很嚴重，接受英國政府紓困的蘇格蘭皇家銀行前執行長古德溫就不信邪，不顧輿論反對聲浪，甚至是首相布朗的勸阻，執意領取巨額退休金，在愛丁堡的豪宅因而遭到攻擊破壞。可見在人人苦哈哈之際，肥滋滋的企業高層若還自私自利，只顧揩油撈好處，一旦引發公憤，不但將顏面掃地，甚至惹禍上身。因此，**當肥貓碰上落難虎還需小心翼翼，裝病貓要裝得像才能從落難虎身上獲得實質疏困。**(請見表 20-6)

表 20-6　政府與受援廠商間之福利賽局

		受援廠商	
		表現良好(γ_w)	私飽中囊（$1-\gamma_w$）
政府	援助（θ_a）	1，2　→	-10，3
	不援助（$1-\theta_a$）	↑ -1，1	↓ ← 1，-1

為了求取混合解，對雙方報酬進行微分。

$$\Pi_G = \theta[r - 10(1-r)] + (1-\theta)(-r + 1 - r)$$
$$= \theta r - 10\theta + 10\theta r + 2\theta r - \theta - 2r + 1$$
$$= \theta(13r - 11) - 2r + 1$$

$$\frac{d\Pi_G}{d\theta} = 13r - 11 = 0,$$

$$r = 11/13$$

$$\Pi_T = \theta[2r + 3(1-r)] + (1-\theta)(r - (1-r))$$
$$= -3\theta r + 2r + 2 + 4\theta$$
$$= r(2 - 3\theta) + 2 + 4\theta$$

$$\frac{d\Pi_T}{dr} = 2 - 3\theta = 0$$

$$\theta = 2/3$$

對政府與受援廠商的關係而言，

（1）政府存在一個最適的混合策略。

（2）若受援廠商表現良好的機率超過 11/13，政府選擇援助受援廠商。若受援廠商表現良好的機率低於 11/13，政府則選擇不援助。

（3）若一個混合策略對政府而言是最適的，受援廠商表現良好的機率剛好是 11/13。

對受援廠商與政府的關係而言，

（1）受援廠商也存在一個最適的混合策略。

（2）若政府援助受援廠商的可能性低於 2/3，受援廠商會選擇表現良好以爭取金援。若政府援助受援廠商的機率高於 2/3，受援廠商選擇中飽私囊。

（3）若一個混合策略對受援廠商而言是最適的，政府援助受援廠商的生存空間的機率剛好是 2/3。

國家圖書館出版品預行編目資料

賽局：又稱博奕論 / 張宮熊著.

高雄市：玲果國際文化, 2009.09

面 ;14.8x20 公分

ISBN 978-986-83029-2-1(平裝)

1. 策略管理 2. 企業競爭 3. 博奕論

494.1　　　　　　　98015836

賽局－又稱博奕論

作　　者◎張宮熊
出 版 人◎王艷玲
出 版 者◎玲果國際文化事業有限公司
Lingo International Culture Co. Ltd.
地　　址◎804 高雄市鼓山區大順一路1041巷3號3樓
電　　話◎+886-7-5525715
E－Mail◎mylingo.tw@msa.hinet.net
網　　址◎http://mylingo.myweb.hinet.net/
劃撥帳號◎42122061　戶名：王艷玲

總 經 銷◎揚智文化事業股份有限公司
地　　址◎222 台北縣深坑鄉北深路三段260號8樓
電　　話◎+886-2-86626826　FAX:+886-2-26647633
E－Mail◎service@ycrc.com.tw
網　　址◎www.ycrc.com.tw

印刷裝訂◎弘冠科技印刷 pod.com
ISBN 978-986-83029-2-1 （平裝）
書　　號◎GM001
出版日期◎2009年9月　初版一刷
　　　　　2010年2月　再版二刷
定　　價◎新台幣380元整
Printed in Taiwan